彩图 3.1　显示核苷酸比对的 DNA 序列矩阵

本图展示了来自不同物种的同一基因的 DNA 序列的比对情况，其中不同的颜色代表不同的核苷酸。细菌（Bacterium，在序列矩阵第二行）具有独特的核苷酸区域，而为了使该区域与其他物种的序列对齐，则需在所有其他物种的序列中手动（或通过计算机软件）插入间隔符（-）。图片来自维基百科自由共享资源。

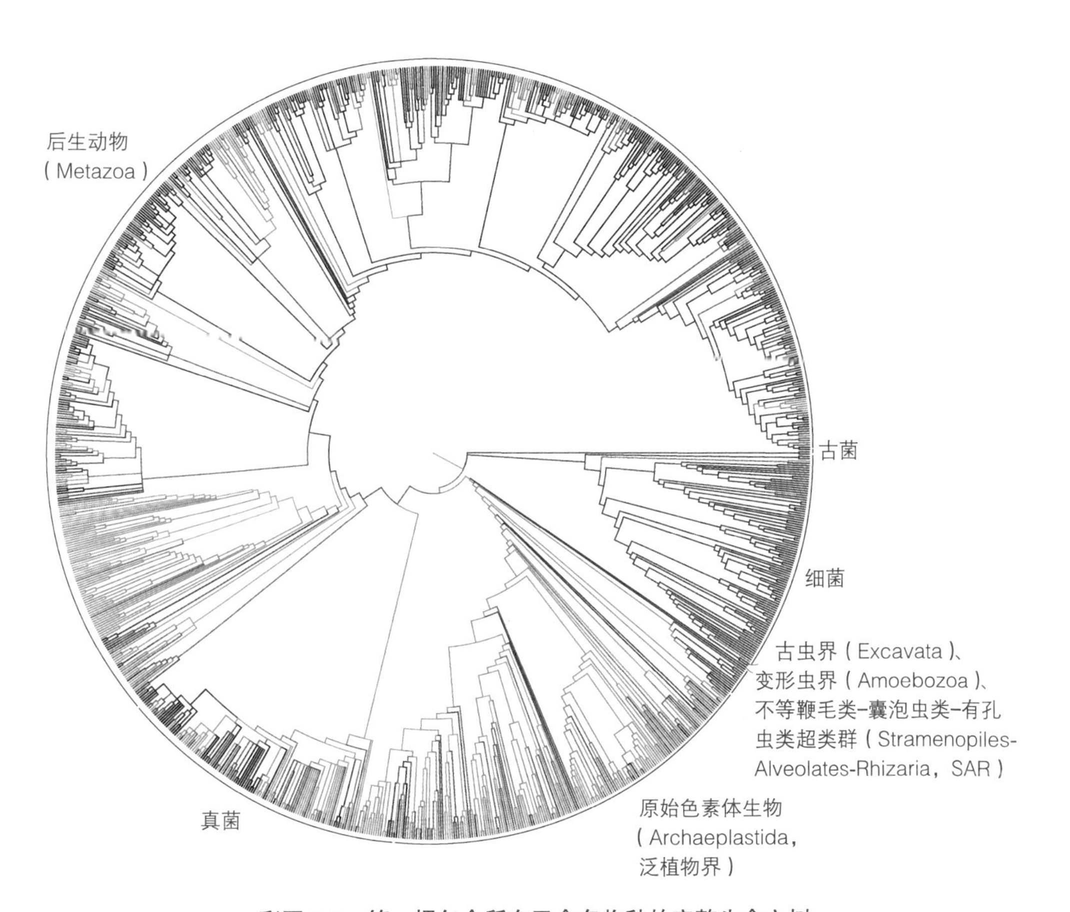

彩图 3.9　第一棵包含所有已命名物种的完整生命之树

图中用颜色代表 DNA 数据的缺失程度。红色代表 DNA 数据较丰富，蓝色代表完全没有 DNA 数据，介于两种颜色之间的中间色代表数据缺失程度。只有约 17% 的已命名物种拥有可用于构建系统发育树的 DNA 数据。数据引自第 3 章参考文献［2］。

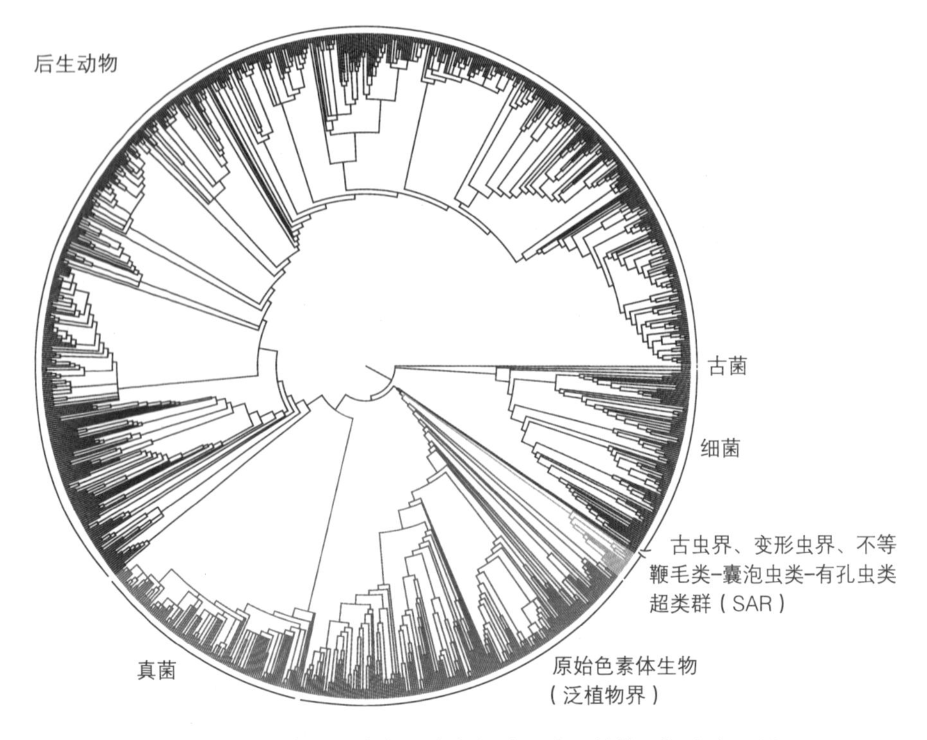

彩图 4.6　对自然界全部已命名物种所绘制的第一棵生命之树

在此版本的生命之树[20]中，主要的生命类群被标示为不同的颜色。细菌（红色）和古菌（深绿色）实际上包含的物种比树中显示的更多。由于这些类群的大多数成员没有正式的学名，因而未能被要有学名的生命之树收录（详见正文）。该系统树的其余部分主要由真核生物的不同谱系组成：① 后生动物（Metazoa，灰绿色）：具有组织分化的多细胞动物；② 真菌（蓝色）：与后生动物亲缘关系最近；③ 原始色素体生物（Archaeplastida，浅绿色）：另一个主要类群，包括传统意义上的“植物”，以及红藻、绿藻和小部分被称为“灰藻”的淡水单细胞藻类。生命之树的余下分支是一些相对较小的生命类群：① SRA（黄色）：包括不等鞭毛类（Stramenopiles，如长短鞭毛体、褐藻）、囊泡虫类（Alveolates）和有孔虫类（Rhizaria）在内的一个支系的首字母缩写；② 古虫界（Excavata，深蓝色）：包括眼虫属（*Euglena*）等自由活动种类，以及一些人类寄生虫——属贾第虫（*Giardia*）等；③ 变形虫界（Amoebozoa，也为深绿色）。图片引自第 4 章参考文献［20］，并由斯蒂芬·史密斯（Stephen Smith）改绘。

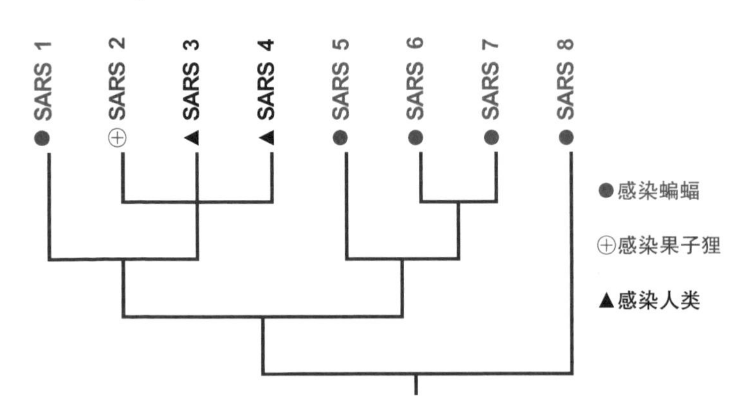

彩图 5.4　用系统发育关系确定人类 SARS 毒株的起源

基于这个简化的系统树图，人类 SARS 病毒最近缘的毒株可追溯到另外 2 种哺乳类——果子狸和蝙蝠身上。此树图基于参考文献［28］重绘。

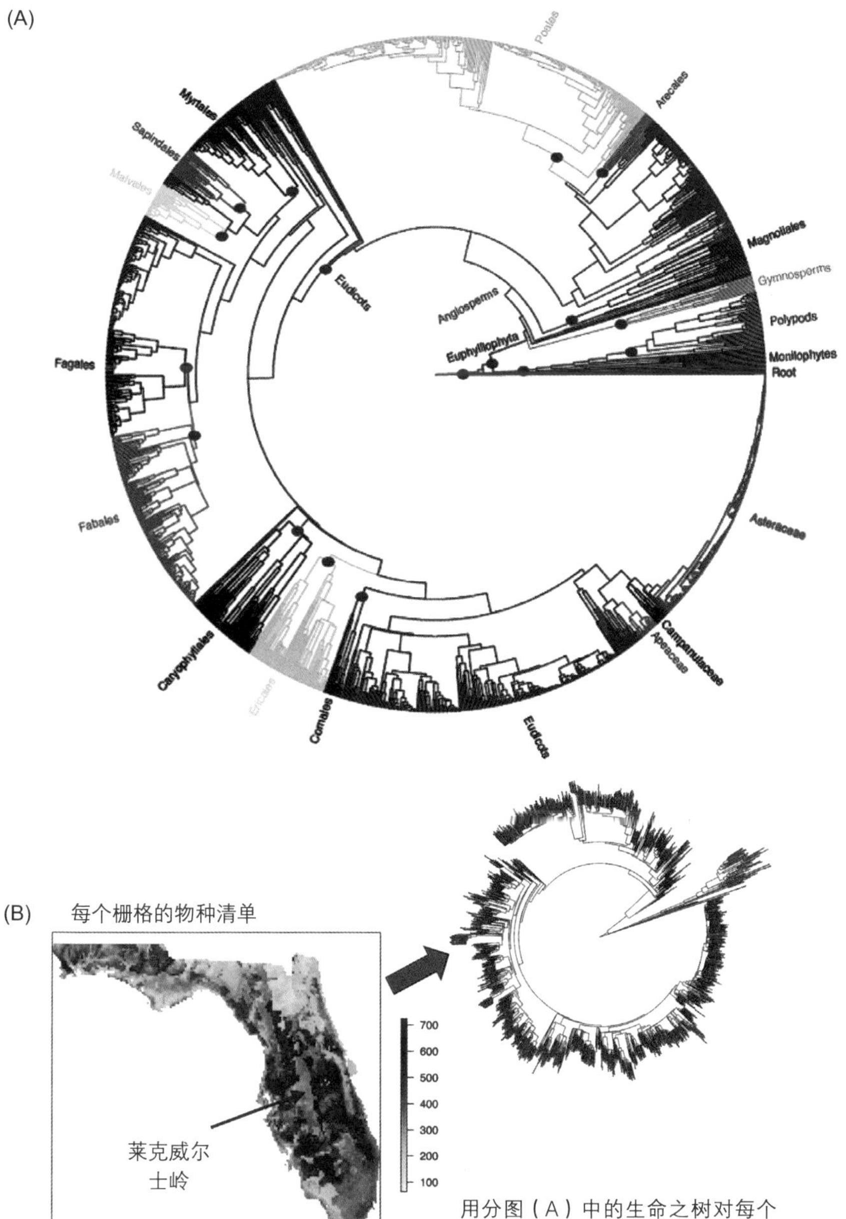

(A)

(B) 每个栅格的物种清单

莱克威尔士岭

用分图（A）中的生命之树对每个栅格的 PD 进行计算，然后对全州进行总计

彩图 5.12 佛罗里达的植物系统发育多样性

（A）佛罗里达维管植物系统发育——佛罗里达维管植物的生命之树。它基于基因序列数据构建，包含了 1 498 个物种（占该州维管植物总物种数的 38%）、685 个属（占该州维管植物总属数的 44%）和 185 个科（占该州维管植物总科数的 78%）。图中对主要的植物类群进行了标记，并以不同颜色区分。（B）用分图（A）中的树显示佛罗里达的 PD 分布。研究者先以面积 16 平方千米（佛罗里达州西北部的红点所示）为 1 个栅格将佛罗里达州分为 8 045 个栅格（群落），然后生成每个栅格的物种名录，再用佛罗里达的植物生命之树计算每个栅格（群落）的系统发育多样性，最后汇总出佛罗里达州的整体情况。如果生命之树上的某个物种分布在某个栅格所在的区域里，则对应的树上颜色标记为红色。地图上深绿色部分代表较高的 PD，箭头指向的威尔士岭是一个低 PD 区域（浅绿色）。分图（A）和（B）均引自第 5 章参考文献［46］。

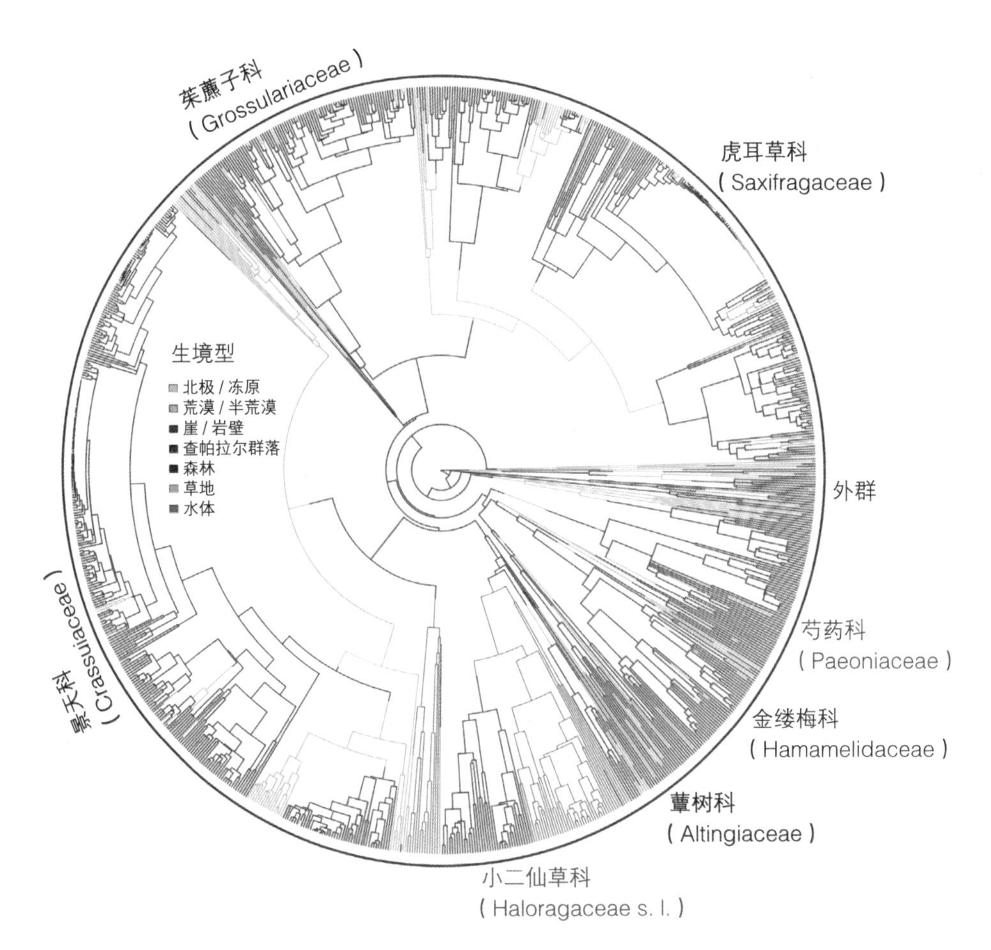

彩图 5.14　有花植物虎耳草目的系统发育树

虎耳草目植物的生境型用不同颜色标记在其生命之树上。该类群的生境高度多样，其物种分布在沙漠、森林、北极甚至水生环境里。值得注意的是，颜色与树的分组或支系（祖先及其后代）相当吻合，这表明生境的变化是罕见的，若真正发生时往往会引发渠限化事件。有关背景知识请阅读第 5 章参考文献［56，57］。

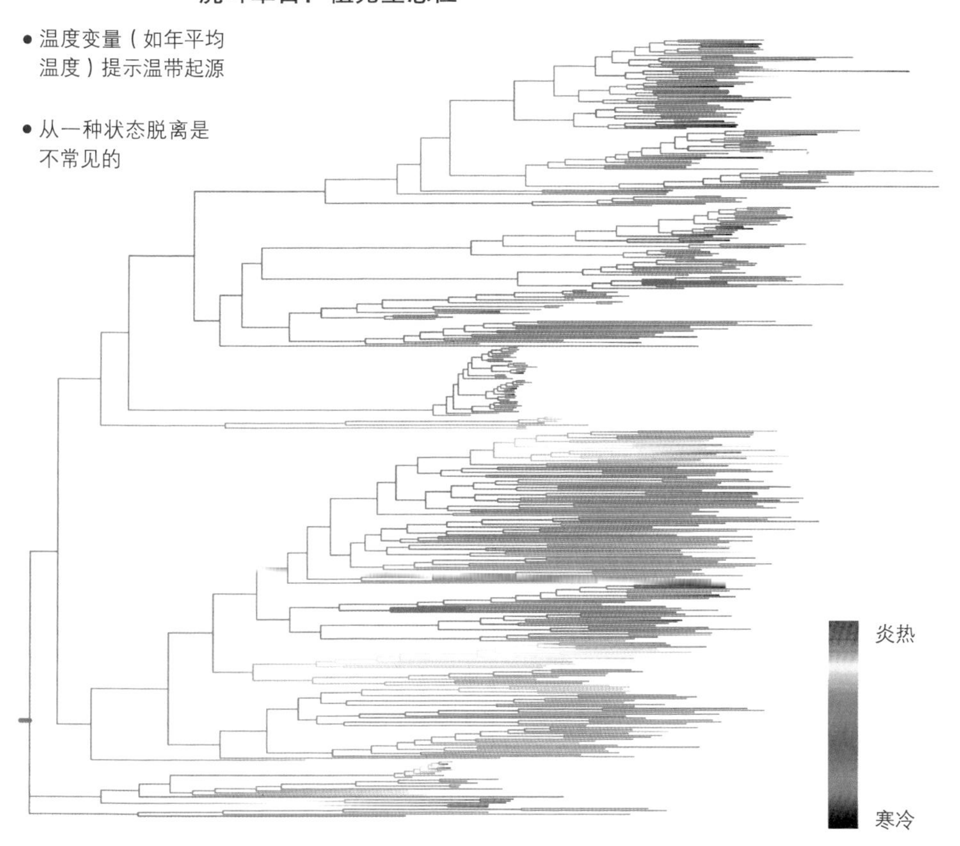
虎耳草目：祖先生态位
• 温度变量（如年平均温度）提示温带起源
• 从一种状态脱离是不常见的
炎热
寒冷

彩图 5.15　虎耳草目植物对温度的响应

虎耳草目系统发育树（参见正文）上标示出了物种适应的平均温度（这里的系统发育树用水平方式展现，而非图 5.14 中的圆形）。此系统关系清楚地显示出该类群是从 1 亿多年前的寒冷环境中进化而来的（可能是森林树种）。随着支系的进化和新物种的出现，一些谱系适应了非常寒冷的气候（蓝色），而另一些谱系则适应了更温暖的气候（黄色 / 红色）。但是，这些进化改变是渠限化事件（参见图 5.14 和彩图 5.14），也就是那些适应寒冷气候的谱系已经存在了数百万年，并未再产生适应温暖气候的新物种。然而在气候迅速变化的情况下，这个类群的未来适应性堪忧。图片来自佛罗里达大学佛罗里达自然博物馆的瑞恩 · 福克（Ryan Folk）。

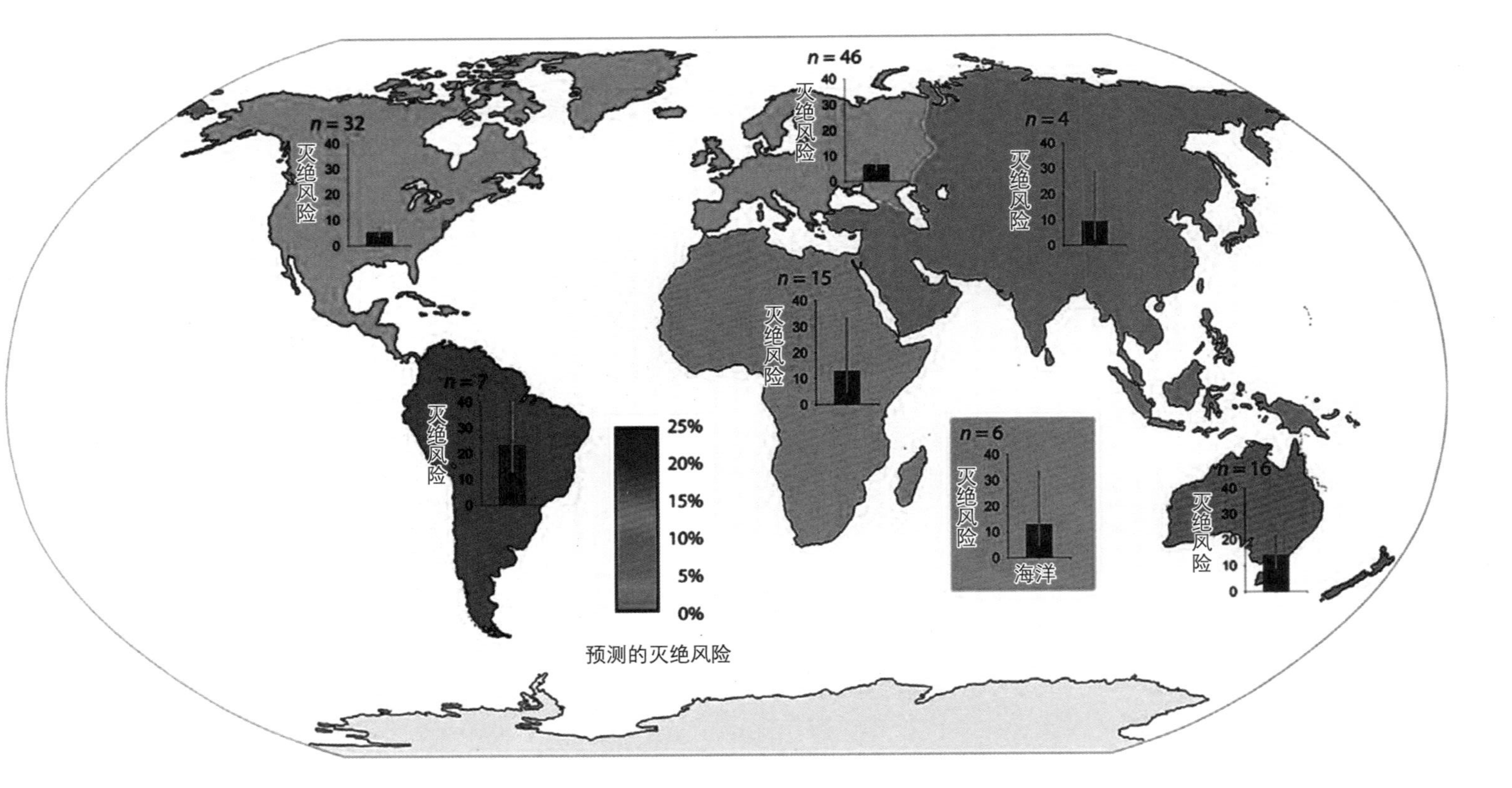

彩图 6.6A　气候变化对生物多样性的影响

全球范围内气候变化对生物多样性和生命之树影响（灭绝风险）的预测因地区不同而不同，其中一些地区（如热带）比其他地区受到更大的影响。图片改绘自第 6 章参考文献［66］中的原图 3。

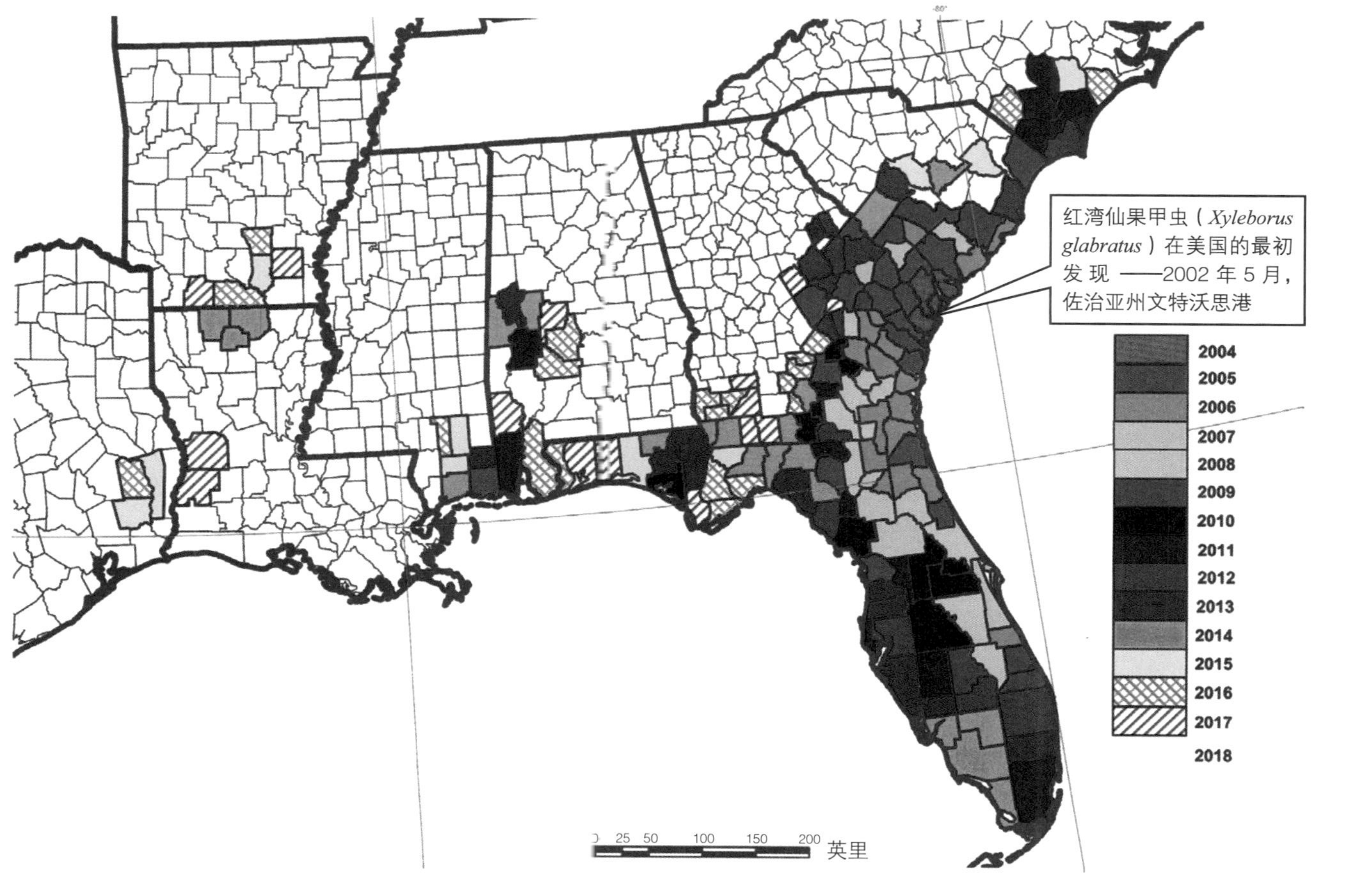

彩图 6.10B　能杀死红桂鳄梨的真菌及其共生的甲虫在美国本土蔓延的范围

图片改绘自如下资料：www.google.com/search?q=spread+oflaurel+wilt+disease&source=lnms&tbm=isch&sa=X&ved=50ahUKEwjP-fXN0pzdAhUKCawKHZIAAiIQ_AUICigB&biw=1157&bih=452#imgrc=p3GDT3fLGR5L6M。

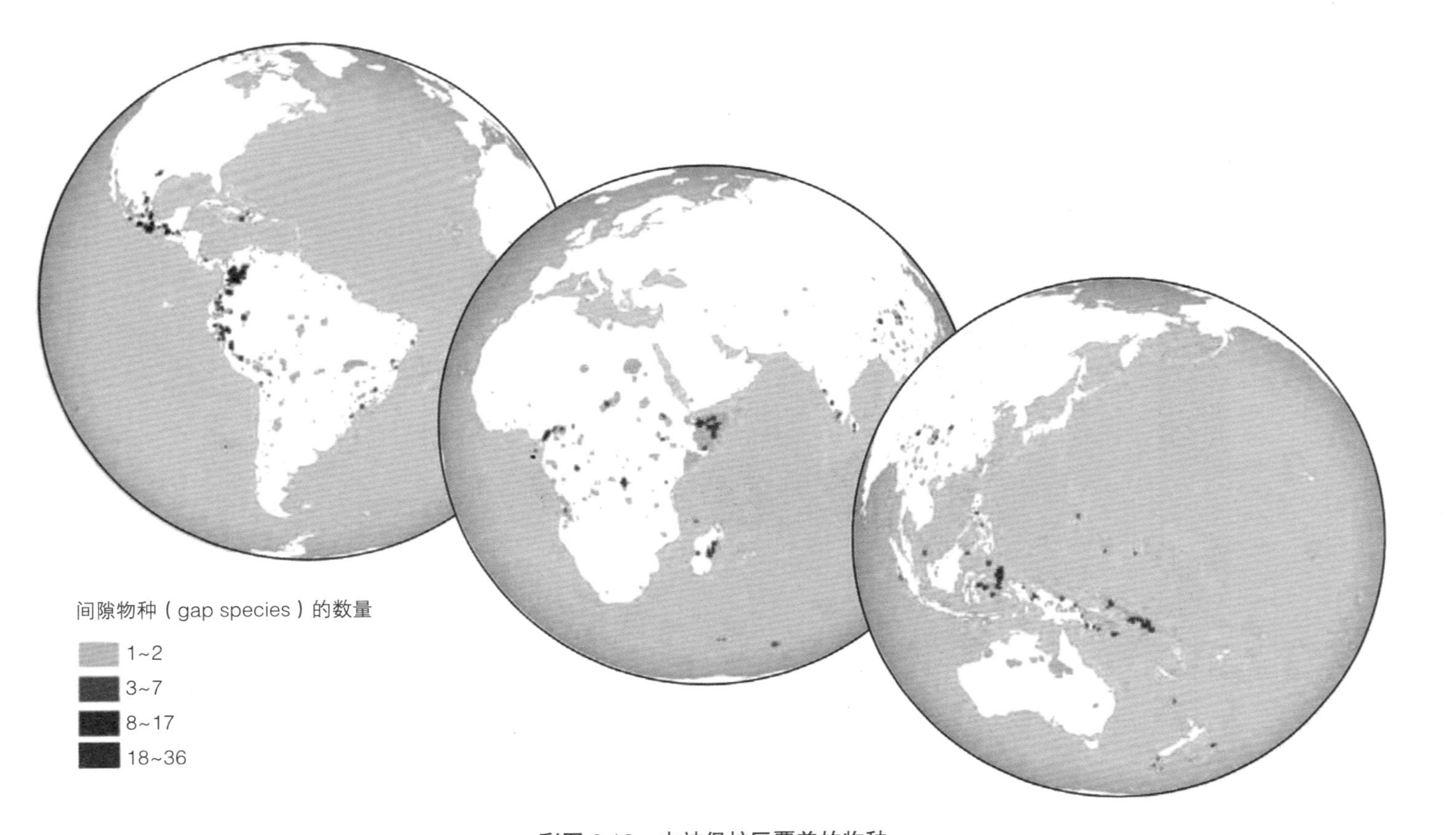

彩图 6.12　未被保护区覆盖的物种

研究者使用网格系统，尝试评估出全球范围内的未被任何机制保护的物种的面积和密度[96]。图片引自第 6 章参考文献 [96]。

科学新视角丛书

新知识　新理念　新未来

身处快速发展且变化莫测的大变革时代，我们比以往更需要新知识、新理念，以厘清发展的内在逻辑，在面对全新的未来时多一分敬畏和自信。

伟大的生命之树

地球生命进化全景图

[美]道格拉斯·E. 索尔蒂斯(Douglas E. Soltis)
帕梅拉·S. 索尔蒂斯(Pamela S. Soltis) 著
陈士超 孙 苗 主译

上海科学技术出版社

图书在版编目（CIP）数据
伟大的生命之树 ： 地球生命进化全景图 / （美）道格拉斯·E.索尔蒂斯 (Douglas E. Soltis)，（美）帕梅拉·S.索尔蒂斯 (Pamela S. Soltis) 著 ； 陈士超， 孙苗主译. -- 上海 ： 上海科学技术出版社， 2025. 1.
（科学新视角丛书）. -- ISBN 978-7-5478-6906-2
Ⅰ. Q111-49
中国国家版本馆CIP数据核字第2024W568H6号

The Great Tree of Life
Douglas E. Soltis, Pamela S. Soltis

上海市版权局著作权合同登记号　图字09-2019-955号

封面图片来源：视觉中国

伟大的生命之树
地球生命进化全景图

［美］道格拉斯·E. 索尔蒂斯（Douglas E. Soltis）
帕梅拉·S. 索尔蒂斯（Pamela S. Soltis）　著
陈士超　孙　苗　主译

上海世纪出版（集团）有限公司
上 海 科 学 技 术 出 版 社　出版、发行
（上海市闵行区号景路159弄A座9F-10F）
邮政编码201101　www. sstp. cn
常熟市华顺印刷有限公司印刷
开本 787×1092　1/16　印张 14.5　插页 6
字数 172千字
2025年1月第1版　2025年1月第1次印刷
ISBN 978-7-5478-6906-2 / N · 288
定价：65.00元

译者团队

主译人员

陈士超（同济大学）

孙　苗（华中农业大学）

参译人员

（按拼音顺序排列）

陈　光（浙江省农业科学院）

李明婉（河南农业大学）

林汉扬（台州学院高等研究院）

单圣臣（美国佛罗里达大学）

孙健英（江苏师范大学）

田　琴（中国科学院昆明植物研究所）

王一涵（河南农业大学）

吴佳瑾［天云融创数据科技（北京）有限公司］

向春雷（中国科学院昆明植物研究所）

薛彬娥（仲恺农业工程学院）

严　语（同济大学）

张志勇（广西师范大学）

The Great Tree of Life, First Edition
Douglas E. Soltis, Pamela S. Soltis
ISBN: 9780128125533

Authorized Chinese translation published by Shanghai Scientific & Technical Publishers.

《伟大的生命之树：地球生命进化全景图》（第 1 版）（陈士超　孙苗　主译）
ISBN: 978-7-5478-6906-2

注　意

本书涉及领域的知识和实践标准在不断变化。新的研究和经验拓展我们的理解，因此须对研究方法、专业实践或医疗方法作出调整。从业者和研究人员必须始终依靠自身经验和知识来评估和使用本书中提到的所有信息、方法、化合物或本书中描述的实验。在使用这些信息或方法时，他们应注意自身和他人的安全，包括注意他们负有专业责任的当事人的安全。在法律允许的最大范围内，爱思唯尔、译文的原文作者、原文编辑及原文内容提供者均不对因产品责任、疏忽或其他人身或财产伤害及 / 或损失承担责任，亦不对由于使用或操作文中提到的方法、产品、说明或思想而导致的人身或财产伤害及 / 或损失承担责任。

推荐序

“我是谁？我从哪里来？我要到哪里去？”这是众所周知的哲学中有关人生意义的“灵魂三问”。道格拉斯·L. 索尔蒂斯教授和帕梅拉·S. 索尔蒂斯教授共著的最新力作《伟大的生命之树：地球生命进化全景图》(以下简称《伟大的生命之树》)，恰好为这个纷繁复杂的生命世界的“灵魂三问”或生命意义之问，给出了他们具有独到见解的答案。

在《伟大的生命之树》这本著作中，作者从我们多数人共同关注的“家谱”问题开始，进行了一系列的“灵魂拷问”，力求通过对这些问题的提出和解答，帮助我们深入理解什么是生命之树，为什么生命之树如此重要，生命之树可以帮助我们思考些什么并做些什么。通过这样的学习，让我们能够真正理解生命之树的概念与内涵、产生与发展、构建原理与方法等一系列科学问题。

通过“我是谁？”“人究竟是怎样的生物？”等问题的提出，作者巧妙地为我们解开了有关生命不同形式（亦是生物多样性不同形式）有多少个已知“名称”的疑惑，其答案即代表这些已知生命形式或物种具有多少个分类学名（taxonomic name）以及它们之间的亲缘关系（系统关系）。通过了解复杂生命系统中不同名称及其关系和生命之树的构建方式，读者将逐渐理解生命的不同种类（名称）或物种多样性在生物进化过程中形成的亲缘关系和网络系统，同时深刻认识到生命之树的应用价值以及它对生物多样性保护的意义。

通过提出“我在庞大的人类关系史图景中处于什么位置?”“地球上成千上万的物种到底是如何关联的?我们人类处在这棵家谱大树上什么位置?”，作者在书中带领我们逐步去追溯生命之源头，认真探索已知生命形式的起源、进化，以及丰富的生物多样性的现状及其形成原因，事实上阐释了“我从哪里来”。更重要的是，作者指出生命之树在漫长的进化过程中形成的硕果——生物多样性对于人类的生存与健康均具有重要的意义，同时如何可持续地利用生命之树是人类面临的艰巨任务。

通过分析类似于“我要到哪里去?”这样的问题，作者强调“提高对地球生物间亲缘关系的认识与人类自身的未来休戚相关”。他们进一步剖析了生命之树的现状和未来可能的命运，让我们更深刻地认识到生命、生命之树及其价值的可持续面临的诸多问题与挑战，包括生境的持续破坏、物种大灭绝、生物多样性快速丧失、人类活动的影响以及全球气候变化等诸多不利因素，均会对生命之树的命运产生巨大的影响，生物多样性和生态系统的保护迫在眉睫。

最后，作者在书中还特别强调了生命之树教育的必要性和重大意义：“如果我们继续在教导孩子方面不成功，未能让他们明白人类与地球上其他物种休戚相关的重要联结，那么我们的孩子及其后代的未来确实可怕，将是一片悲惨和黑暗。”生命之树教育是从生命之树或系统发育的视角和站位来进行的教育，包括掌握生命之树教育的方法和教育的工具。作者强调，开展生命之树教育的意义就在于它清楚地告诉公众：人类与所有其他生命共享一个世界，而人类只是生命之树上极小的一个分支；同时，任何一种生物都不可能孤立地生存，人类也不能置身于其他生物多样性之外，生物多样性的命运也将是人类自身的命运。

如果想要了解生命世界“家谱”中各成员及其一损俱损的关系与奥秘，那就请翻开《伟大的生命之树》一探究竟吧！

卢宝荣

复旦大学特聘教授

复旦大学生命科学学院生态与进化生物学系主任

生物多样性科学研究所副所长

生物多样性与生态工程教育部重点实验室学术委员会主任

2024 年 8 月 1 日，上海

献给

凯蒂（Katie）和萨拉（Sarah）

致 谢

得益于各方面的支持和帮助，本书才顺利完成。

首先，感谢我们的两个女儿——凯蒂和萨拉。她们诵读本书的各个章节，并且提供相关素材。萨拉还提出了一些在书中讨论的话题，并找到重要的人物素材。她在艺术方面的独到见解，对本书第一章至关重要。

其次，特别感谢实验室助理叶甫根尼·马夫罗迪夫（Evgeny Mavrodiev）积极参与本书讨论主题的选定、参考文献的整理、一些图表的收集和绘制。第二章中的图 2.9 由埃琳娜·马夫罗迪娃（Elena Mavrodieva）绘制，特此感谢。感谢佛罗里达自然博物馆的朋友和同事们提供的建设性意见和重要建议。感谢同事戴维·布莱克本（David Blackburn）和川原明人（Akito Kawahara）提供隐存种（cryptic species）的资料。感谢同行杰克·佩恩（Jack Payne）引荐了科兹洛夫斯基（Kozlovsky）的研究（见第六章），对我提出的观点颇有启发。感谢肯·萨萨曼（Ken Sassaman）关于玛雅和其他文明中对生命之树的文化寓意的有益讨论。感谢金相太（Sangtae Kim）提供无油樟（*Amborella trichopoda*，又称互叶梅）的照片（见第五章）。感谢生态学家杰里米·利希施泰因（Jeremy Lichstein）在生态级联反应话题中提供的文献资料、图表和重要讨论。感谢同事布雷特·舍费尔斯（Brett Scheffers）提供关于气候变化重大印记的图片（图6.6）和相关信息。感谢学生海瑟·罗斯·凯茨（Heather Rose Kates）在农作物改良方面提供的资料。感谢同行罗伯特·撒克（Robert Thacker）提供海绵动物的资料。感谢鸟类学家戴维·斯特德曼（David Steadman）在鸟类灭绝和保护话题中提供宝贵的建议和图片。感谢同行戴维·里德（David Reed）提供关于虱子的进化树图片。感谢同行朱莉·艾伦（Julie Allen）和柯特·纽比格（Kurt Neubig）提供佛罗里达生物多样性研究的图片。感谢博士后瑞恩·福克（Ryan Folk）提供虎耳草目资料。感谢同行詹姆斯·罗辛德尔（James Rosindell）提供OneZoom的高像素图片。感谢同行斯蒂芬·史密斯（Stephen Smith）对本书第三章部分内容的审阅并提供生命之树的图片。感谢同行罗斯·珀内尔（Ross Purnell）激发我撰写第五章中涉及游钓和保护的文字部分的灵感。感谢“生命之树项目——同一棵树，同一颗星球”的合作伙伴纳齐赫·梅斯塔乌伊（Naziha Mestaoui）、詹姆斯·罗辛德尔、马特·丹纳（Matt Gitzendanner）和罗布·古拉尔尼克（Rob Guralnick）。此外，还要感谢来自佛罗里达大学数字世界研究所（Digital Worlds Institute）的技术人员詹姆斯·奥利韦里奥（James Oliverio）、蒂姆·迪法托（Tim Difato）等人——他们展示了动画技术在生命之树教学中的重要性。

我们的研究受到美国国家科学基金（National Science Foundation）

持续近40年的资助，特此感谢！同时，感谢佛罗里达大学的资助。此外，我们实验室的学生、博士后、访问学者都给予我们极大的帮助。最后，还要特别感谢那些多年来与我们一起重建并使用生命之树的同行和同事们。与你们在一起的这段美妙旅程激发了本书的诞生！

前　言

洞悉自然，你将能更好地理解世间的一切。

——阿尔伯特·爱因斯坦（Albert Einstein），1951 年

每个人似乎都对我们的家谱（family tree，对其他生物则称为系统树）特别感兴趣：我的祖宗是谁？我与他们隔了多少代？由此可见，我们已经深切理解这些关系很重要。当然，首先我们得意识到“我是谁”，这很重要。其次呢，“我在庞大的人类关系史图景中处于什么位置？”“我可能有美洲原住民的血统，或德意志血统，抑或非洲祖先（思绪陷入空白……）——但我并不清楚这些！”。

但在现今，随着对那种塑造我们所有人属性的遗传基础有更深刻的理解，我们已认识到家谱竟然具有预测价值！比如，在我们的家族中，某个性状的出现与某种疾病高度关联，那么，我们也可能得到这个性状（可能患这种病）。再具体点，如果我们的某个近亲得了某种遗传疾病，比如某种癌症，那么我们有极大的可能性也继承了致癌基因。

同理，这种逻辑或推理可应用到联结地球上所有生物的家谱［在进化生物学（即演化生物学）中称为系统树］——庞大的生命之树。这就是说，地球上的全部有机体[①]都是这个庞大家谱中的一员——物种也有它们的近亲，无论这些物种是鲸类、鱼类、蝴蝶、虱子，还是有花植物。那我们自然会问：地球上成千上万的物种到底是如何关联的？我们人类处在这棵家谱大树上什么位置？鉴于亲缘关系的重要性——联系着所有生命的各个阶元，我们还可以试着提问，这种关于亲缘关系的知识对我们人类自身会有多少好处呢？

"生命之树"概念有着非常丰富的发展史。比如，利马（M. Lima）在2014年概括道："生命之树是人类迄今应用最广、沿用最久的概念之一。"诸多古老文化中有涉及生命之树的概念——地球上所有的生物互相联结、千丝万缕地联系着，就像大树的枝干与叶子的关系一样。在这样的寓意背景下，生命之树拥有丰富的精神和宗教层面的含义，如联结着地狱、地上生命和天堂。在古代的艺术作品中，经常出现古人对于生命之树的描述。

古希腊人对生物之间的关系有着固定的概念——那是生命之树更现代的概念的源头。古希腊哲学家亚里士多德认为，所有物种构成了一个强大的等级体系，并且它们是由简单到复杂、呈线性发展的。

生命之树的现代概念可以追溯到达尔文时代，它的意思是所有生物由其共同祖先关联着，并且它们是整个庞大家谱中的成员。事实上，在达尔文的著作《物种起源》中，唯一的一幅插图既不是达尔文雀，也不是加拉帕戈斯群岛的地图，而是一棵简化的关系树（tree of

① 在本书中，"有机体"（organism）的含义虽然与"生命"（life）、"生物"（biology，用于总称时）很相近，有时与"存在"（being）等术语也相似，但并非完全相等，因而分别保留。——译者注

relationships)。

但令人惊讶的是，就在几年前，我们还没有一棵独立、综合、可囊括地球上所有200多万个已命名物种的生命之树。尽管好几代科学家和不计其数的科学研究聚焦于五花八门的有机体类群（group of organism，包括鸟类、哺乳类、有花植物、细菌等），但当时我们依旧没有一棵综合的所有生命之树。为什么呢？答案很简单，因为构建大关系树并不容易，它在数学复杂性方面堪比物理学中的一些重要挑战。

事实上，早在30年前，我们实验室和其他同行已经在构建由几百个物种组成的“大树”（big tree）了，但当时有人告诉我们，这是不可能完成的任务——不具备这样的运算能力。因此，当时构建生命之树在许多方面就如同生物多样性学科的“登月计划”——面临很多不可战胜的挑战。当经历了一场关于科学技术、运算能力、DNA测序技术革新以及科学家广泛合作的“完美风暴”（perfect storm）后，构建包含已命名的所有物种的超级大树成为可能。如今，科学家们可以随时获得成千上万条DNA序列用于构建这样的大树。运算能力的一些主要变革和新算法的产生，极大地缓解了构建超级大树的系统关系在计算方面带来的挑战。这些在若干领域齐头并进的突破，使得科研人员构建一棵整合的生命之树——第一棵囊括地球上230万种已命名物种的初版生命之树，成为可能。

当然，需要首先强调的是，这第一棵包含所有已命名物种的生命之树只是一个开始。接下来，工作的目标便是不断升级这棵“树”，因为我们对地球上所有生物的认知还非常有限。DNA数据是建立物种间亲缘关系和构建生命之树必不可少的工具，但是这棵初版的综合树（comprehensive tree）上的物种可能仅17%有DNA数据。所以说，这棵树上的绝大部分生物类群的关系尚待进一步确定。

目前与升级生命之树同等紧急，或者更需要关注的是，这棵初版生命之树包含已命名的物种数仅仅是地球上现存物种总数的零头。事实上，科学家估计可能还有近 1 000 万种的真核生物并未被发现和命名。而且，还有更多的数以亿计的原核生物（细菌和古菌）物种未被发现。换句话说，到目前为止，地球上大部分物种并未收录到这棵初版的生命之树上。关键问题是，我们其实对地球的生物多样性仅仅略知一二而已。

关于生命之树的实际应用有许多例子。再次强调：亲缘关系非常重要。展现亲缘关系的系统发育树是战胜疾病和研发药物的第一道防线。生命之树在农作物改良方面同样很重要：了解农作物的野生近缘种有助于我们寻找其重要的基因资源。这样改良的农作物便具有抗旱和抗病害能力。生命之树对生物多样性保护也至关重要：了解物种间的亲缘关系将有助于评估哪些稀有的类群如此与众不同以至于我们需要特别的考虑。系统发育关系还是环境保护和生态学领域的重要工具。在全球快速变化的背景下，生态学家可以借用生命之树来预测物种是如何对高温或者干旱气候条件响应的。这是为什么呢？因为亲缘关系至关重要，近缘的类群往往倾向于对变化的环境产生类似的响应。生命之树所代表的生物多样性与我们赖以生存的地球、新鲜的空气和清洁的水源都休戚相关。

与此同时，我们还处在生物多样性丧失的危机之中。我们目前似乎正眼睁睁地看着地球在死亡——以惊人的速率发生物种灭绝（大约是标准背景灭绝速率和成种速率的 1 000 倍）。更令人不安的是，有的物种还没有来得及被科学界发现和命名就已经消失了。在这些灭绝的物种之中，有多少个物种含有（或可能含有）对人类有药用或者经济价值的成分？更不用说，这些物种自身作为组成成分对整个生态系统的价值和为人类提供的众多益处，比如干净的空气、清洁的水源，以及在精神健康方面的益处（不信，你可以去一片幽静的小树林散散步）。现在就行动吧——欣赏并拥抱生命之树和生物多样性，其重要性前所未有，且迫在眉睫。

我们写这本书的目的简单而明确，就是号召大家关注伟大的生命之树——地球上所有现存物种的“家谱”。在这里还需强调两点：一是我们欣赏生命之树不只是因为它的生物学的意义，还有它在精神方面的意义；二是这种欣赏似乎与人类这个物种自身一样古老。从实用的角度来讲，我们需要深刻理解为什么生命之树对人类自身的安康和生存至关重要。系统发育关系很重要！生物多样性不能忽视！生命之树是为我们自身谋福利的终极法宝。关于生命之树的知识会给人类的现实生活带来方方面面的福利，包括药物的研发、疾病的治疗、农作物的改良和物种对全球气候变化响应的预测。

鉴于上述重要作用及其相关原因，我们再次强调，提高对地球生物间亲缘关系的认识与人类自身的未来休戚相关。想象一下，一个能够快速研发新药物、治疗疾病、改良农作物和预测物种对快速变化的环境的响应的世界将是多么美好！

由于当前面临灭绝威胁的物种比人类历史上任何时候都要多，我们的行动刻不容缓。为了人类的健康和福祉，提高我们对生命之树的认知可谓势在必行。然而这项工作任重道远，因为从目前版本的生命之树来看，我们对地球上物种间的亲缘关系还知之甚少：仅拥有小部分物种的DNA数据，而对于大部分物种，我们目前是依据外观（appearance）描述来推定它们在生命之树上的位置。此外，尽管新物种以大概每年 14 000 种的速度在不断地被我们发现，但仍显得微不足道——按照这样的速度，我们还需要 900 年才能把地球上所有的物种描述完。难道我们真的要等那么久吗？只有科学家和公众一起不懈努力、持之以恒，才有望在不远的将来显著提高我们对生命之树的认知——构建和优化生命之树需要全民的合力。

我们希望本书不仅能影响到科研界，更重要的是，还能影响公众和各领域的政策制定者。唯有大家齐心协力，通过一项重大的生物多样性倡议，我们才能而且必须在未来的几十年内，极大地提高对生命之树的认知。如果我们无动于衷，未来将不堪设想：往好点说，我们将失去重要的药物、食物以及可能的生态系统效益（如清洁的水源）；最坏的情形是，随着地球上物种灭绝速率的快速增加和挑战的不断出现（尤其在发展中国家），我们将面临生态系统遭受前所未有的破坏和生物多样性丧失的风险，其中包括不计其数未被命名的物种，而这些物种可能对我们人类有着潜在的价值。

目录

第一章

古代人类文化和艺术中的生命之树

男人身后有棵生命之树，结着12个果子；女人身后有棵善恶之树，蛇缠绕着它。

——韦特（A. E. Waite），1911年

本书简介

美国西南部霍皮人（Hopi）流传的民间故事详细描述了远古时代原住民因过度开发自然，最终导致自我毁灭[1]。因为树木具有重要的精神或药用价值，在许多人类文化中，砍伐树木是一种犯罪行为。一直以来，树木作为一种非常重要的象征符号（symbol），以其丰富的内涵贯穿人类文明。利马[2]曾提出，从法律体系到科学领域，树木及其树形结构在许多方面为人类生活提供了归纳和组织原则，甚至超越了生物学范畴。树木代表着一种对全世界的人类极具重要性的实体

（entity，又称实体存在或独立存在物），同时也作为所有生命（包括我们自己这个物种）的联结性（connectivity，即关联性或联系性）的贴切隐喻——生命之树，后者是一个内涵多样且彼此联系紧密的强大的象征符号。

本书旨在从不同的视角解析生命之树，从它在历史长河中被用作一种代表众生（all life，即所有生命或一切生物）联结性的人类象征符号开始，其中短语“生命之树”（Tree of Life）被用作代表那种包罗万象的联结性。值得一提的是，纵观历史，我们人类（*Homo sapiens*，即智人）已经感知到与地球上其他物种之间深远的联接（connection）——我们将它称为“精神感应”（spiritual）。在古老的宗教和艺术领域里，这种用树的形态来描述所有生命之间相互关联的感应比比皆是。大多数人类文化会使用树形符号（tree symbol），并且都包含了“生命之树”概念，但此时的“生命之树”本质上具有精神、灵异和宗教方面的色彩[3-5]。这种众生具联结性的感觉（或意识），在现代的人类社会中反而非常少见。在这里，我们对“生命之树”概念的探索，不仅涉及古代文化的意义，而且还从更现代的进化（又称演化）视角来讨论——一个从达尔文时代就开始使用的概念，用来表示人类与地球上其他物种之间明确的谱系联结（genealogical connection）。

生命之树：多重含义

“生命之树”这一术语以多种方式在使用，同时也有一些与之相关的其他术语。学者们常用的、与之最接近的术语是“世界之树”（world tree）。它指的是以一棵类似真实大树的典型符号或图形，表示许多高度多样化的古代文明的集合。在不同的人类社会中，大多把一棵真实的巨树与“生命之树”的概念紧密相连，喻义所有生命的关联。“世界之树”与另一个术语——连接天堂和地狱的“知识之树”（tree of knowledge）往往联系在一起[3, 5, 6]。这种树与树之间的错综复杂的联系或关联——知识之树、生命之树、世界树形图案（tree motif）——显示了“树”这个喻义符号在全世界人类文明中都十分重要。

树的符号广泛出现在世界各地的文明中，并贯穿人类历史[2, 3]。利马[2]认为，树是“在所有人类神话和宗教著作中发现的共有符号”。人类与树之间在精神感应和神话层面具有多种关联元素[3-5]。

这些关联也反映树木对人类的明确的实用性。纵观人类历史，人们将树作为食物、住所、生火材料和药物资源（大部分药物的发现可追溯到植物），而且还是精神寄托的对象。例如，作为豆科（Fabaceae）成员的金合欢属金合欢树（*Vachellia farnesiana*），在古埃及通灵媒介中具有特殊的地位。对于非洲的谢列尔人（Serer）来说，豆科的非洲牧豆树（*Prosopis africana*）是地球上所有树种的祖先。由于上述两种树木均具药用价值，这就将实际应用和通灵感应联系在一起。对于美国西南部的纳瓦霍人（Navajo）而言，他们把生命之树构想为类似玉米的形状[2]。树木因其用途广泛，一直是人类历史发展的核心，但如今这一点常常被我们忽略。简而言之，人类生存以及人类社会、文明、宗教的崛起都依赖于树木，而这种依赖一直持续到今天[7-9]。

树木不仅是人类生存的基础，而且具有许多被人类所崇敬的特征。树木是寿命很长的生物，寓意长寿；它们通常身形庞大，使人联想到力量，并可通过它们与其他世界连接。高耸入云的大树对早期人类意味着与天堂的联结和与死后的灵魂相通。多数人类文明中有这种感知方式，包括美洲和北欧的原住民。从一粒种子成长为参天大树的过程具有深刻的精神意义[3]。此外，由树叶经细枝、小茎、主枝到树干之间的连接方式，代表着一切生命之间都有联系，而巨大的树干与深入到土壤里的根系，则表示它与地下世界的联系。这一切含义使得树木成为一种表达生命和联结性的通用符号[2, 3]。

生命之树：生物多样性和联结性的隐喻

“生命之树”这一隐喻式说法历史悠久，且丰富多样。对此，摩根斯顿（K. Morgenstern）很好地总结道[10]：“自远古时代起，植物就在人类文化中对人类的精神层面起着关键作用。它们令人肃然起敬的魅力、令人着迷的气味……都暗示着一种与‘另一个世界’的联系，以及一个充满神灵和鬼怪的非物质世界。”树木作为符号，在整个人类历史中代表着存在（existence）①的不同等级间的联系——树冠与天堂相接，根系与地狱相连[3]，而树叶与树枝的联结性则代表了众生联结性。“世界上哪种文化或背景的人群，梦见树木的频率最高？”一直是心理学家卡尔·J. 容（Carl J. Jung）[不是指分析心理学创始人卡尔·G. 容（Carl G. Jung）]着迷的课题。通过对这一课题的长期研究，他认为树木是人类潜意识的一部分，是一个基本符号[3, 11]。

从古至今，一直有一些关于生命之树的故事或神话深深地烙印到人们的文化和宗教信仰中，而且无论人与人之间的文化背景有多么不同，距离有多么遥远，这些神话故事却惊人的相似[3]。有些神话有时

① 在西方哲学史上，“存在”指存在着的东西，既含物质上的，还含精神上的，又被称为“存在物”。——译者注

包含了一棵神秘的树或树的图案，有些神话则是与真实的树木关联的宗教仪式。在有些古老文化中，对“生命之树”这一概念的认知是吃掉它的果实就可以永生（如《圣经》中的故事）。在亚洲和北美洲的文化中，生命之树被认为是真实存在的，生长在世界的中心，而且这种极其重要的东西被超自然的力量保护着。这些文化认为人类是生命之树的后裔。此外，破坏生命之树，如砍倒生命之树将导致人类的终结，更确切地说，它是指人类繁衍的终结和智人这一物种的消亡[3]。如前所述，霍皮人在谈到过去的世界时认为，原住民过度开发自然导致他们自我毁灭[1]。对于“生命之树”的诸多威胁和破坏，上面这些重要的文化传说故事都值得当今的我们反思：由人类活动造成的生命之树上物种的灭绝，最终会对我们产生可怕的后果[12]。

许多人类文化，包括玛雅文化、北美洲原住民和北欧的那些文化，都有以“万物有灵”（animism）为核心的宗教信仰，而且现今的许多原住民，包括某些亚马孙河流域的人们，仍遵循这一做法。也就是说，所有的事物，包括活的生命体和各种物理实体，比如岩石、河流、建筑、工艺品都被视为活物。从这个意义上说，这些人在精神层面与其他所有生命体相连……在精神层面而言，这些人是生命之树和他们自身周围实体的一部分。他们非常重视自己与周围一切事物间的联系[13-16]。在这些文化中，各种物象，包括植物和岩石等非生命体都是可以接近并交流的对象——它们并非死气沉沉或静止不动的物体。

当然，这并不是说在古代社会人们就与自然完美地和谐相处，并成为自然环境保护者，或具有生态学思想意识……但他们确实在精神层面感知到与其他生命形式的关联。就像本书将在第六章中讨论的那样，人类活动造成生物灭绝的历史久远，可能与智人这个物种同样久远[17-19]。有研究表明，自从人类进化到有自我认知以来，我们就给其他物种带来了灾难[19]。目前，我们正处在以现代人类为主导的进化时期——人类世（Anthropocene，见第六章），这“是一个对许多其他物种意味着死亡的时代，而这种‘杀戮’已经持续了上千年”[19]。

有清楚的证据表明，许多原住民与他们的栖息地并非处于生态平衡的状态[20]。克雷希（S. Krech）在专著《生态印第安人》（*The Ecological Indian*）中，以批判的眼光审视关于美洲原住民具有非常强烈的生态倾向和明智的可持续实践的说法。他指出，现代社会所刻画的美洲原住民与自然和谐相处的景象是一种误导。美洲原住民用火来改变自然生境，例如北美洲东部大量的开阔地和林窗的产生都源于此。克雷希的观点得到许多支持，同时也引起相当多的抨击和激烈的争论[21]。比如，一种批判的声音认为，克雷希没有足够重视传统（本土）文化（与欧洲文明接触前的情形）与“后传统”时期本土文化之间的差异，即许多在与西方文化接触前的原住民看待自然的方式与现如今的我们极为不同[1]。

古代生命之树的观念

生命之树的艺术描绘遍及古老的亚述帝国（Assyria）。关于生命之树的文体描述在古老的美索不达米亚（Mesopotamia）历史中屡屡可见，可以追溯到公元前6000年。这些艺术风格的生命之树通常由树干和树冠组成，树冠周围有很多线条，被学者们认为具有极显著的文化和宗教意义：树木联结所有生命，并进一步将人类与天堂和地狱联系在一起[4,5]。此外，人们在更多地区，包括古埃及、希腊和印度河流域发现了这些公元前 4000 年左右、代表生命之树的艺术描绘[4]，只是在这一时期，这些地区的树形图案在描绘上有所不同。简易树形图案通常仅由树干和树冠组成，树冠周围有很多线条。但在这段时间里，也出现了更复杂的生命之树的图案，用动物、人类，甚至是超自然生物的物象来装扮生命之树（图 1.1）。与此同时，生命之树开始与皇权联系在一起，并成为皇权的象征。但学者们指出，在古代文献记录中并没有完全、清楚地阐释这种树形符号具体代表什么[5]。有些人认为，它代表着《圣经·创世记》所述的"生命之树"（见下文），即楔形文字中的"基斯卡努"（kiskanu）。另一种解释则认为，亚述人（Assyrian）的树形符号象征着一种真实的树木——椰枣树。这是一种

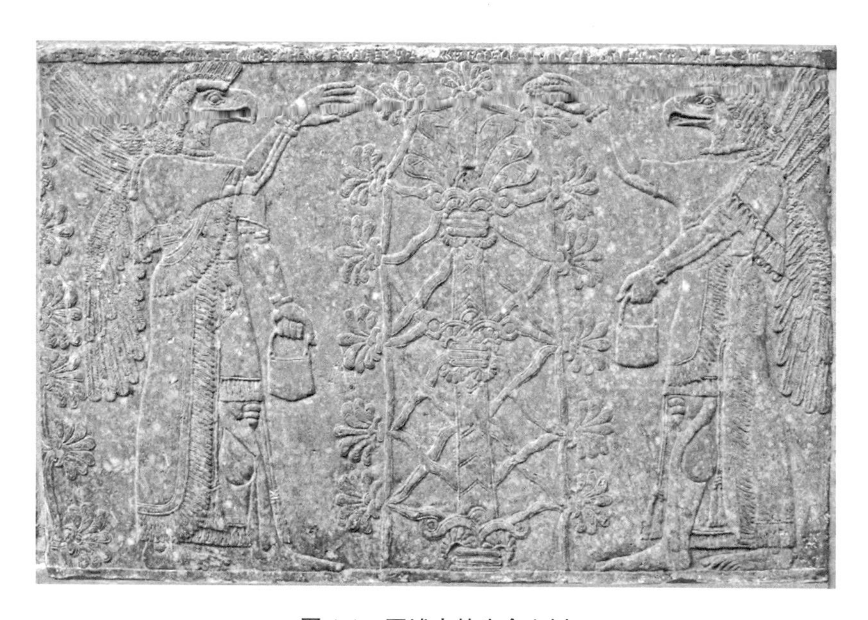

图 1.1　亚述人的生命之树

这张照片出自大英博物馆的文物（公元前 865—前 860 年），图中刻画的是长着鹰头的守护神与神圣的生命之树。图片来自维基百科自由共享资源（Wikipedia Free Commons）。

非常重要的经济树木，为人类提供食物和多种产品的原料。这些解释不一定相互排斥——人类社会往往将精神意义附加于真实的树种，当然也包括具有象征意义的生命之树。研究者们认为，尽管对亚述人树形符号的真实意义的解读尚存在不确定性，但生命之树图案的广泛使用，表明这些树形符号的本质一定是早就广为人知——具有“神秘的宗教象征”。对亚述人来说，这些符号也许在某种意义上代表着“神圣的世界秩序”[4]。

在古埃及（约公元前 5000 年—前 2300 年），生命之树同样是一个中心主题，也是一个形而上学的概念，象征着导致所有生命形成的具等级性的一系列事件。在古埃及，生命之树呈现为一系列的球体。对古埃及人来说，它不仅代表着创世的过程，还代表着这些过程发生的方式和顺序。有趣的是，这些创世神话的焦点并不是人类本身，而是宇宙秩序的建立[22]。与诸多古老文化一样，神话传说中的生命之树也会与自然界的真实树种联系起来。例如，豆科中的阿拉伯金合欢（学名为 *Vachellia nilotica*，异名为 *Acacia nilotica*）在古埃及的宗教信仰中具有极为特殊的地位——它被奉为生命之树。

大约在公元前 2600 年，先知琐罗亚斯德（Zoroaster）在古波斯创立了一派宗教——琐罗亚斯德教（Zoroastrianism）①。树被视为琐罗亚斯德教的图腾，而生命之树则是该宗教哲学的核心。玛士亚（Mashya）和玛士亚娜（Mashyana）这两棵树被该宗教认为是所有生命的祖先②。琐罗亚斯德教认为生命之树是通往天堂的途径，而且生命之树的思想

① 琐罗亚斯德教在我国常被称为祆教、拜火教。——译者注

② 琐罗亚斯德教的创世神话中提到：当世界上的第一个人迦约马特（Gayōmard）死后，从他的骨头里长出了一棵蓼科（Polygonaceae）植物波叶大黄（*Rheum rhabarbarum*）；再过 40 年后，从这棵波叶大黄中长出了玛士亚和玛士亚娜这两棵树。——译者注

亦深深根植于该教追随者的精神意识里[3]。信仰琐罗亚斯德教的人敬畏树木，因为他们认为树木代表了所有生命之间的联结性。因此，他们认为砍伐树木有罪。

同样在中东地区，生命之树在犹太教（Judaism）和基督教（Christianity）中也扮演着至关重要的角色。绝大多数犹太教教徒和基督教教徒都知道，《圣经·创世记》的故事是以亚当和夏娃所生活的伊甸园以及那里的两棵树展开的，其中一棵就是生命之树（称为生命树），但伊甸园中的另一棵树更为著名——那就是善恶之树。在《圣经·创世记》的传说中，生命之树和善恶之树同植于此园。《圣经·创世记》2：9写道："耶和华神使各样的树从地里长出来，可以悦人的眼目，其上的果子好作食物。园子当中又有生命树和分别善恶的树。"在《圣经·创世记》中，有一段故事是犹太人和基督徒都必须熟知的，它讲述了亚当和夏娃偷吃了善恶之树的果实之后，上帝将他们逐出伊甸园，并让他们远离生命之树，防止他们偷食生命之树的果实而长生不老[3]。《圣经·创世记》3：23—24写道："耶和华神便打发他出伊甸园去，耕种他所自出之土。于是把他赶出去了。又在伊甸园的东边安设基路伯，和四面转动发火焰的剑，要把守生命树的道路。"

曾有人争论生命之树和善恶之树是否实际上为同一棵树[23]。研究《圣经》的学者们指出，在《圣经》中两棵树几乎总是分开谈论，并且相互之间没有联系。然而，这些学者的论著通常关注和提及善恶之树，而对生命之树却鲜有笔墨[23]。不过，生命之树仍然具有极为重要的作用，并在《圣经》中多次被提及。事实上，《圣经》中11次提到了生命之树，其中包括《箴言》（*Proverbs*）3：18、11：30、13：12、15：4，以及《启示录》（*Revelation*）2：7、22：2、22：14、22：19。值得注意的是,《圣经》也是以生命之树的故事作为结尾的[3]。在《圣经》中，当基督重回人间时，就声明生命之树将会在生命之水的旁边生长，“在河这边与那边有生命树，结十二样果子，每月都结果子，树上的叶子乃为医治万民”(《启示录》22：2)。显然,《圣经》以生命之树开始，并以生命之树结束，再一次反映了其在精神文化中发挥着极为重要的作用。

除了埃及，生命之树的概念在非洲其他地方也被发现。谢列尔人（Serer，即现今非洲西部的塞内加尔人）的祖先起源至少可以追溯到11世纪。在谢列尔人的文化中，树木和生命之树一直是他们宗教信仰的中心。在谢列尔人的宗教信仰中，地球上最先被创造出来的是树木，而生命之树则是他们宗教概念的核心。对谢列尔人及其他古代宗教信仰来说，树木是神圣的，且具有实际的宗教地位。就像全球许多其他文化的创世神话一样，树木在谢列尔人的创世神话中也起到了核心的作用。豆科的非洲牧豆树（*Prosopis africana*，又称铁木）和白相思树（*Faidherbia albida*）都被谢列尔人认为是生命之树[24]。非洲牧豆树被当作世上的第一棵树，并被认为是其他所有植物的祖先[24，25]。因此，非洲牧豆树同时象征着永恒。

“一棵巨树（enormous tree）在宇宙的中心并被不同世界围绕着”的概念在中世纪的欧亚大陆北部的文化中非常普遍，这也是他们神话中极为重要的组成部分[26]。圣树（指守望树）在日耳曼人（Germanic people）所在的区域具有重要意义。就像前面谈到的其他早期文化一样，日耳曼人相信人类是树的后裔[27]。北欧最著名的生命之树的神话可以追溯到古代斯堪的纳维亚人（Norse people），他们认为生命之树就是乾坤树（Yggdrasil，即宇宙树）（图1.2）。有资料显示，乾坤树的神

图 1.2　乾坤树

这是整个欧洲北部的神话中最著名的生命之树，它可追溯到古代斯堪的纳维亚人（Scandinavian）。图片来自维基百科自由共享资源。

话最早出现在 13 世纪，在古代斯堪的纳维亚诗集《诗体埃达》（*Poetic Edda*）中有记载[28, 29]。根据该诗集所述，乾坤树大得无边无际。与其他文化一样，古代斯堪的纳维亚人将他们的生命之树与真实的树种关联，通常认为是木樨科（Oleaceae）梣属（*Fraxinus*）的梣树，或者是红豆杉科（Taxaceae）红豆杉属（*Taxus*）的紫杉。古代斯堪的纳维亚人认为这棵树是神圣的，是宇宙的中心，它的树枝可以延伸到天堂。这棵乾坤树也被体内孕育着多样生物的各种神灵（lore）环绕[28, 30]。人们有时会将古代斯堪的纳维亚神话中的主神奥丁（Odin）与生命之树联系起来，甚至奥丁自己也以“乾坤树”为名，但有学者指出“乾坤树”的准确含义尚待求证[27]。根据古代斯堪的纳维亚神话的描述，有 9 个世界一直围绕在乾坤树的周围[26]。

有学者注意到古代斯堪的纳维亚生命之树的传说与欧亚大陆北部地区流传的神话是类似的[26]。尽管乾坤树的概念非常古老，但几个世纪以来，北欧人仍然将圣树视为极其重要的存在。甚至直到19世纪，在德国和斯堪的纳维亚（Scandinavia）地区，圣树仍受到尊敬和崇拜：人们认为圣树会带来好运，有时会向这些圣树供奉祭品[26]。

生命之树也是美洲神话的焦点。帕克（A. C. Parker）[31]指出，生命之树和树的意象在北美洲的伊洛魁人（Iroquois）和其他一些原住民中也是神话的核心成分。伊洛魁联邦原来由5个原住民民族组成，包括莫霍克族（Mohawk）、奥内达加族（Onondaga）、卡尤加族（Cayuga）、塞内卡族（Seneca）和奥奈达族（Oneida）；后来新增了第六个民族——塔斯卡洛拉族（Tuscarora）。这一联邦可能在公元1100—1450年间形成，在与欧洲人接触之前就占据了北美洲东北部大部分地区[32，33]。在伊洛魁人的历史记载中，“和平树”（tree of peace）被多次提及——伊洛魁人用一棵树来隐喻与和平有关的活动[31]。帕克在其论著中给出了许多伊洛魁人与和平树关系的例子。

在所有伊洛魁人的神话中，反复提到“上层世界的树”（tree of the upper world），即天体之树（celestial tree，又称天树、天国之树），尽管不同的部落在细节上不甚相同（图1.3）。帕克提到关于这棵上层世界之树最详尽的描述来自塞内卡族部落成员给传教士的翻译。这一描述至今令人惊叹：

从前，有一片浩瀚的水域。在它之上是壮丽的蓝色苍穹……在晴朗、澄澈的天空中有一座看不见的浮岛。这座岛屿十分牢固，岛上树木郁郁葱葱，而且有人类存在。那里曾经有一位伟大的酋

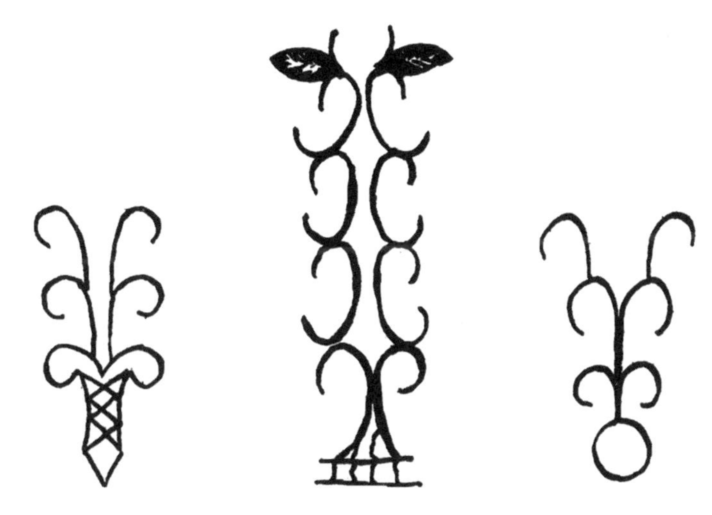

图 1.3　北美洲东部伊洛魁人生活中的天体之树（伊洛魁人的树神话和符号）

图片引自参考文献［31］中第 617 页的原图 64。

长，他为岛上所有的生命制定了规则。在岛屿的中心有一棵很高的树，高到岛上的任何生物都看不到它的顶端。它的树枝上长年开满鲜花、挂满果实。在过去，所有生活在岛上的生命都常常会来到树前，品尝它的果实，嗅闻它的花香。

关于生命之树的伊洛魁神话还提到，一位天母（skymother）从上层世界下坠，降落在一只鸟的翅膀上，而那只鸟将她放到了一只乌龟的背上[31]。基于此和北美洲东部其他部落的神话，生命之树是从那只乌龟的背上长出来的。塞内卡族将生命之树描述为“它的树枝穿越天际，它的根系延伸到地下世界的水域”[31]。另一个北美洲东部的部落德拉瓦尔族（Delaware）描述的生命之树是“在它的分杈处，人类生长、繁衍”，这是一种明确的人类与生命之树的符号联结（symbolic connection）。关于符号化的树（symbolic tree）的描述也普遍出现在伊洛魁人的艺术与服饰中（图 1.4）。

图 1.4 伊洛魁人生命之树的神话与符号（A）和塞内卡族用豪猪刺所绣的生命之树（B）

图片引自参考文献［31］的原图 67。

在古代玛雅（Maya），生命之树代表着三个世界之间的联结性——天堂、地球（earth，即人间）和地狱（一棵世界之树）。对于那些玛雅人来说，生命之树被现实世界中的吉贝木（*Ceiba pentandra*，也称美洲木棉）所代表。它是锦葵科（Malvaceae）的一个成员，也是玛雅人生活中见到的最大、最高的树之一。生命之树的绘图发现于晚形成期［late Formative Period，即前古典期（Preclassic Period）］的玛雅建筑上（形成期：约公元前 1800 年—公元 200 年）（图 1.5）[34]。其他来自中亚美利加洲（Mesoamerica，即中美洲）的文化，如阿兹特克（Aztec）

图 1.5　中亚美利加洲玛雅人的圣树

根据墨西哥塔帕丘拉（Tapachula）的伊萨帕遗址（Izapa ruins）最大的斯特拉石碑（纪念碑）绘制。图片来自维基百科自由共享资源。

文化，也类似地将生命之树描绘成世界之树[2]。

研究表明，古代玛雅人的现代后裔与古代玛雅文明中的人们一样，会与“有生命的森林”（animate forest）谈判[14]。这与前面所说的许多原住民的“万物有灵”的看法一致——包括岩石、植物和河流在内的实体在本质上都是有生命的，都可与之沟通。人类和森林不仅都是有生命的（活的），而且当其中的一方侵入到另一方领域时，实施仪式活动可以减轻潜在的危险。比如，狩猎就是对有生命的森林的一种侵犯行为。研究者调研了狩猎圣地（hunting shrine）的证据[14]，这些圣地是人们以“仪式化时尚”（ceremonial fashion）方式与森林景观里的动物守护神进行谈判的地方。

由树木到阶梯：希腊人与生命阶梯

古希腊人有着扎实的生物多样性的认知和生命之树的概念。通过许多著名的希腊学者及其门徒的著作，我们首次看到古希腊人将整个自然按分类阶元（category，简称阶元）去探索，或者说至少是第一次有这样的书面记载。这项源于古希腊的工作，确实代表了人类构建生物分类学的开端。在诸多方面，（古）希腊人开创的生物分类体系到林奈的分类体系时终于达到了顶峰，而且林奈的这个体系至今仍在现代生物分类学中广泛使用。

与前面以一系列树状形式相关联的思维模式不一样，古希腊人认为众生可以通过某些物种中的线性等级（linear hierarchy）方式来关联。例如，柏拉图（Plato，公元前423—前347年）考虑了“自然类别”（natural kind）的问题，即实体如何组织（或众生如何归类），并确立了四个纲（class）[35]。他的学生亚里士多德（Aristotle，公元前384—前322年）引入了属（genus，原文为*genos*）和种（species，原文为*eidos*）的分类学核心概念或类别，但是它们的使用范围与我们如今使用的术语范围相比要宽泛很多[36]。柏拉图是一个“本质主义者”（essentialist），即他相信每个实体都具有一项基本特征（essential feature）或本质（essence），而这种本质也就定义了所讨论的实体类型（type of entity）：如果一个类群有自身独有的本质和目的因（final cause，即最终原因），那它就是真实的。在此概念下，一个物种就是它自己的个体本质的表达："事物的本质是拥有存在（being or existence）"。作为本质主义者的部分观点，物种从不变化——它们是不可变的实体。这种关于物种的观点，几百年来一直都是人类思想的中心，直到查尔斯·达尔文（Charles Darwin）著作的问世（见第二章）。

亚里士多德也对动物的主要分类阶元作了划分——脊椎动物和无脊椎动物，每个主要分类阶元可再进一步细分，而这套体系至今仍在沿用［如脊椎动物中的鸟类、哺乳类（即兽类）和鱼类］[36-40]。亚里士多德的学生泰奥弗拉斯托斯（Theophrastus，约公元前371—前287年），沿袭其师的分类传统，并将所有植物分为四大分类阶元——乔木、灌木、亚灌木和草本植物。这是第一次对植物进行系统分类并一直沿用到中世纪。由于泰奥弗拉斯托斯的这一贡献和其他贡献，人们将他视为植物学之父和林奈的前辈[41]。

柏拉图和亚里士多德都认为众生是阶元系统（hierarchy，即阶序或序位体系）的组成部分，最简单的生命位于最底端，而更复杂的生命位于顶尖位置（apex）。这就是亚里士多德的自然阶梯理论（*Scala Naturae*，即自然等级理论）[42, 43]，他将树或阶元系统类比为阶梯的台阶（rung）。在这一观点中，各种实体以线性系列（linear series）方式安排，其中我们这个物种（即人类）占据阶梯的顶尖位置，其他所有生命都朝向我们人类，而这是阶元系统的巅峰（culmination）或完善（perfection，即完美）的状态。

将人类视为生命阶梯的巅峰的观点被罗马帝国的哲学家波菲利（Porphyry，公元234—305年）进一步发展。他在很大程度上延续了亚里士多德的思想，即采用可归因于包括生命在内的多样实体的本质或

“物质概念”（concept of substance）。如同亚里士多德的理论镜像，波菲利的理论体系包含的两个组成部分是广义的属和种[44, 45]。波菲利最终在亚里士多德原创工作的基础上发展并提出了一个分类方法。他似乎并没有将这个概念发展成一种实际的树形描述（actual tree-like depiction）[46]，但最终他的分类方法被中世纪学者们转化成树形（图 1.6）。不管怎样，这些树曾被人们称为波菲利之树（Porphyrian trees，或 tree of Porphyry）。

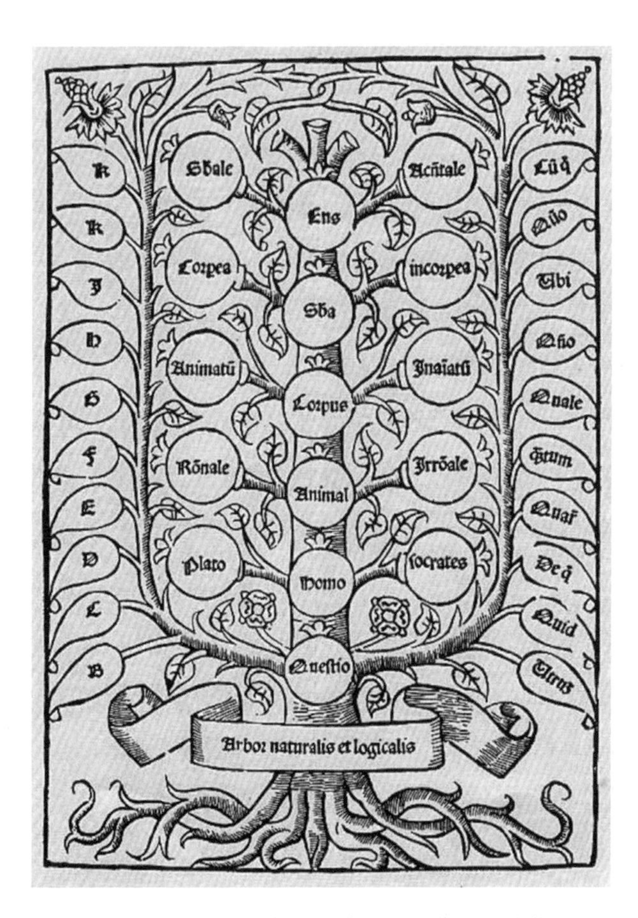

图 1.6　将生命描绘为一棵以人类为阶梯巅峰的波菲利之树

图片来自维基百科自由共享资源。

此后，波菲利之树被广泛地使用并为众人所知[45]。

长期以来，西方文明就持有这种自然阶梯（ladder of nature）观念，然而这与认为我们这个物种只是整棵生命之树的一部分的其他文明的观念大相径庭。它与我们现代科学认为的智人只是生命之树上的一个叶尖（one tip）的观点也不同。尽管如此，这种人类处于生命阶梯顶端（top）的生命观念，将长期影响西方关于生物多样性的组织（organization of biodiversity）方面的思想。就像洛夫乔伊（A. O. Lovejoy）所回顾的那样，这一观念将会最终导致对“存在巨链”（Great Chain of Being）或自然等级理论的一种宗教解释（religious interpretation）[由查尔斯·伯奈特（Charles Bonnet）于1745年发表在《昆虫的特性》（*Traité d'insectologie*）上]，即维持由神（god）经天使到人类（国王和贵族位于平民之上），再到动物、植物甚至是岩石和矿物质，都遵循严格的序位体系[43]。在此观念中，人类位居地球上的生命序位体系（hierarchy of life）的顶端。这一观念在许多方面仍然渗透在当今人们的思想中——我们不是生命之树的一部分，而是以某种方式独立并位居一座完善阶梯（ladder of perfection）顶尖位置（的存在）。

时至今日，树木依然是令大多数人印象深刻、心生敬畏的有机体。美国有以树种为主要保护目标的国家公园和国家纪念地，特意用来展示树木恢宏壮丽的特征：有的是因树型高大参天，有的是因为树龄古老，有的两者兼有，例如纪念树型粗大和树龄古老的红杉国家公园（Redwood National Park）和美洲杉国家公园（Sequoia National Park），以及纪念树龄古老的古狐尾松林（Ancient Bristlecone Pine Forest）。同样，在中国，银杏科的银杏（*Ginkgo biloba*）和柏科的水杉（*Metasequoia glyptostroboides*，它是红杉和巨杉的近亲）也因其古老树龄和高大的树型得到了相当的重视和保护。人类继续在森林中寻找心神更新（spiritual renewal）的避难所——只要被树环绕，体验就感觉良好（见第五章：生命之树的价值）。如果其他世界的智慧生物来到地球，也许，树木才是我们这个星球上最能使他们着迷、引起他们兴趣的有机体，而不是我们人类。

第二章

现代生命之树概念的发展史

故经过世世代代，我相信，伟大的生命之树，在用其“枯枝落叶”（指已灭绝的生物）填充地壳的同时，也用其不断分化且瑰丽的枝条装扮着地球表面。

——查尔斯·达尔文（Charles Darwin），1859 年[1]

生命之树——达尔文与进化的联结

描绘生物间进化关系的现代生命之树概念可追溯到查尔斯·达尔文（1809—1882，图 2.1；简称达尔文）时代。达尔文认为，有机体的进化意味着所有的物种都可以通过血统（descent，即后代）相关联。因此，通过树状形式来描述谱系关系的想法的历史虽然短暂，但内容非常丰富。尤其值得一提的是，在达尔文的巨著《物种起源》[1] 中，只有一幅插图——它既不是手绘的达尔文雀，也不是加拉帕戈斯群岛

图 2.1　达尔文肖像

图片来自维基百科自由共享资源。

（Galapagos Islands）地图，而是一棵达尔文手绘的简笔系统发育树（phylogenetic tree，又称系统树、系统发生树），即一棵“关系树”（tree of relationship），也是一幅描绘一个假设的有机体类群（谱系）内结构的树状关系图（图 2.2A）。与之对应的就是达尔文著名的论述：“同一类的所有存在（指生物）之间的亲合性（affinity，即亲缘关系），有时可通过一棵大树来呈现。我相信这样的比喻在很大程度上描绘了相关事实。随着新芽再生新芽，一批批新芽不断孕育、萌发。如果这些芽充满活力，它们会抽出新的枝条，逐渐更替那些衰弱的

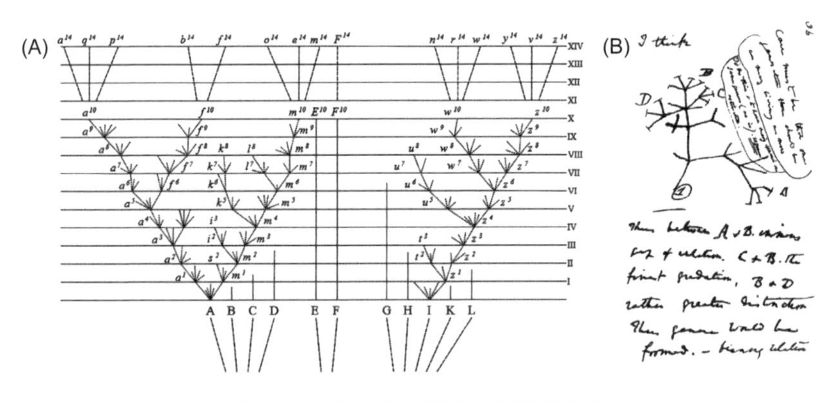

图 2.2　达尔文的树状关系图及其草图

（A）达尔文的树状关系图。这是达尔文在 1859 出版的著作《物种起源》中唯一的插图。（B）达尔文于 1837 年手绘的草图。图片来自维基百科自由共享资源。

老枝。故经过世世代代，我相信，伟大的生命之树，在用其“枯枝落叶”（指已灭绝的生物）填充地壳的同时，也用其不断分化且瑰丽的枝条装扮着地球表面。”因此，从《物种起源》中的这幅唯一的插图和这段论述中可以看出，达尔文也将化石种（指灭绝种）在这棵系统发育树中予以考虑，而不仅仅指现生种之间的关系——他的一棵大树联系所有物种的观点，实质上是一棵联结了所有物种的生与死的生命之树。

然而，达尔文一直在思考系统发育树，远早于《物种起源》的出版。在达尔文 1837 年的“笔记本 B”上，就出现了简单分支模式的早期草图，而有些草图实际上与珊瑚——具有精细分支模式的有机体相似。这些早期绘图表明，达尔文最初可能认为珊瑚的分支模式近乎树状，是现存生物中分支模式的最佳隐喻（http://phylonetworks.blogspot.com/2012/06/charles-darwins-unpublished-tree.html）。但是，在达尔文的这本记了 1837 年的笔记本中，另一幅更晚和最著名的草图则清楚地用一种关系的分支简图（branching diagram of relationship，简称关系分支图）来图解有机体之间的进化联结（图 2.2B）。这幅著名的草图甚至一度成为流行的文身图案！ 在这幅草图旁边，达尔文写下了第一条注释：先是“我想”，接下去的陈述文字出现在右侧，“情况一定是，上一代应该与现在的（物种）数量一样多”。紧接着他又写道：“要满足这一条件，并维持在同一属内有许多物种，则需要灭绝的发生。”（http://phylonetworks.blogspot.com/2012/06/charles-darwins-unpublished-tree.html）这些笔记充分地表明，达尔文已经在一种进化背景（evolutionary context）下思考生命之树了。他不仅考虑到物种形成和物种关系因时间而形成一种树状分支模式，而且把灭绝在生命之树上的作用也考虑在内。

必须要强调的是，与达尔文同一时期的其他生物学家也意识到了所有生物物种都是通过同样的线条——血统与其共同祖先联系起来的。事实上，达尔文的祖父伊拉斯谟·达尔文（Erasmus Darwin，1731—1802），曾在达尔文之前就有从进化和生命之树角度的清晰思考。在其著作《动物法则》（*Zoonomia*，于1794—1796年出版）中，伊拉斯谟·达尔文写道：

> 不知下面这样的想象是否太过大胆。在漫长的时间长河中，自地球开始存在起，在人类历史肇始前的数百万个时代，这样想象是否太过大胆：所有的温血动物都起源于一条有生命的细丝（living filament）；这条细丝被伟大的本原（First Cause，即造物主）赋予动物性（animality），具有捕捉新零件的力量（power）；伴随着一些新的倾向（propensity），它被刺激、感觉、意志和联想所指引，获得通过自身固有的活动来持续改良，并在自然界永无止步地通过世代将这些改良（的特性）传递给后代的官能（faculty，即天赋）！

在达尔文的名著问世之前，其实也有关于关系树的论著发表。最早发表的生命之树可以追溯到1801年，出自法国植物学家奥古斯丁·奥吉尔（Augustin Augier）之笔。奥吉尔当时并不是一位很有名气的科学家，他的工作和对植物生命之树的描绘一直被遗忘或忽视，直到被史蒂文斯（P. E. Stevens）于1983年重新发现[2]。史蒂文斯高度评价了奥吉尔及其绘制的植物生命之树（图2.3）。史蒂文斯强调，奥吉尔当时并没有考虑到进化；虽然奥吉尔显然受到当时主流的自然阶

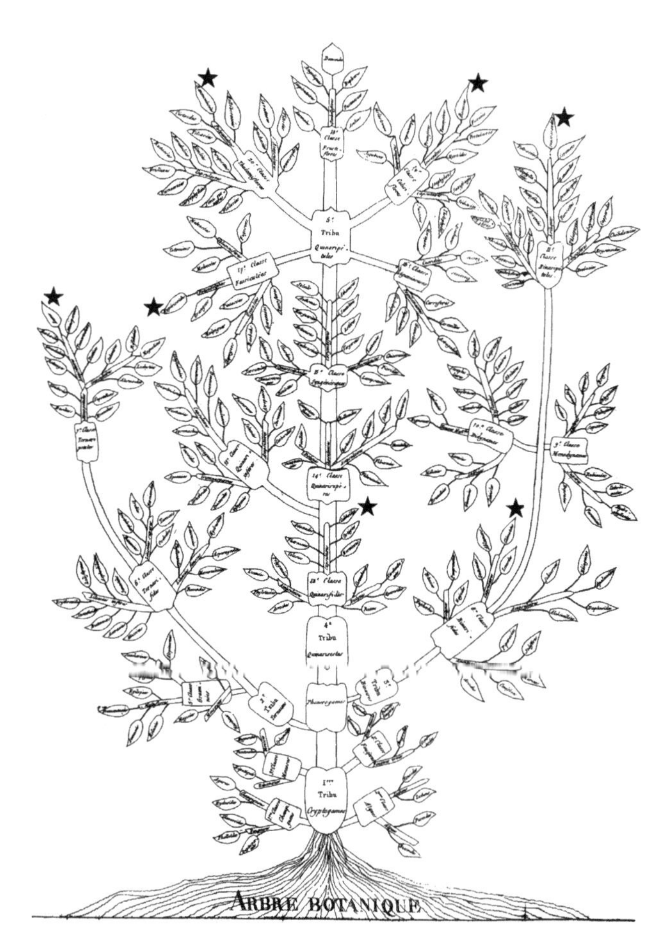

图 2.3　奥吉尔于 1801 年发表的植物生命之树

图片引自参考文献［2］，经许可使用。

梯理论的影响（“存在巨链”、生命及物质的等级结构参见本书第一章），但他在一棵更类似系统树的树上描绘的关系表明从自然阶梯理论脱离运动的开始。在奥吉尔之后不久，著名科学家让-巴蒂斯特·拉马克（Jean-Baptiste Lamarck，1744—1829）于 1809 年发表了已知最早的一棵动物的生命之树。拉马克最著名的方面在于提出“获得性遗传”

（inheritance of acquired traits）的进化理论。他的动物生命之树也并非呈树状，而是由表示不同动物谱系的分离的线条构成，也就是说，这些动物没有通过共同血统联系起来。

《物种起源》（1859年版）迅速启发了著名的德国生物学家恩斯特·海克尔（Ernst Haeckel，1834—1919，图2.4A）。他用一系列广为人知的精美绘图（1866，1879—1880；图2.4B），阐释了他对生命之树的理解。他从科学角度描绘的树（即树状结构）概括了人们对生命之树的早期尝试，直到今天仍颇有启发意义。海克尔是一位极具天赋的科学家，他除了对生命之树的详细描述，还给各种有机体附上精美的插画，而这些插画的科学性和美学性在今日仍被高度赞赏。海克尔还提出过以下著名的假说（现在已被否定）：个体发育重演系统发育（ontogeny recapitulates phylogeny），换言之，生物的早期个体发育阶段揭示了它们的物种进化历史。

达尔文在《物种起源》一书中描绘进化树的插图及其生动形象的解述文字，不仅激发了海克尔，还激发了好几代科学家的热情，使他们热衷于用手绘树状图来解读生物进化关系。这些由擅长特定的有机体类群［有花植物（flowering plant，即被子植物）、哺乳类或鸟类］的科学家手绘的树状图，反映了这些调查者多年来（甚至是一生）的钻研所沉淀下来的关于这些物种间相互关系的见解。

直到20世纪初期，杰出的生物学家们依旧沿袭这种基本方法来展现有机体（生物）之间的关系，并通过不同形式的手绘方法来阐释其分支框架。著名的美国植物学家查尔斯·贝西（Charles Bessey，1845—1915）曾在1915年用一幅形似仙人掌的描绘图，概括不同有花植物之间的关系框架。时至今日，这幅图仍被称为“贝西仙人掌”

(A)

(B)

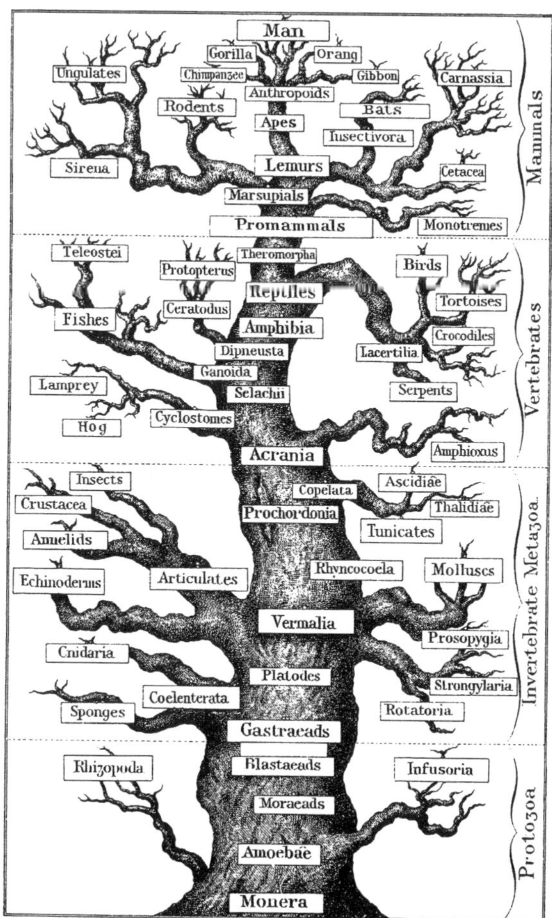

图 2.4　德国著名生物学家恩斯特·海克尔及其生命之树

（A）恩斯特·海克尔肖像。（B）恩斯特·海克尔绘制的一幅生命之树［引自《人类的进化》（*The Evolution of Man*），1879］。图片均来自维基百科自由共享资源。

（Bessey's cactus，图 2.5）。在 20 世纪七八十年代，包括阿瑟·克朗奎斯特（Arthur Cronquist，1919—1992）在内的植物学家采用类似方法，绘制了被称为“气泡图”（bubble diagram）的插图（图 2.6）。

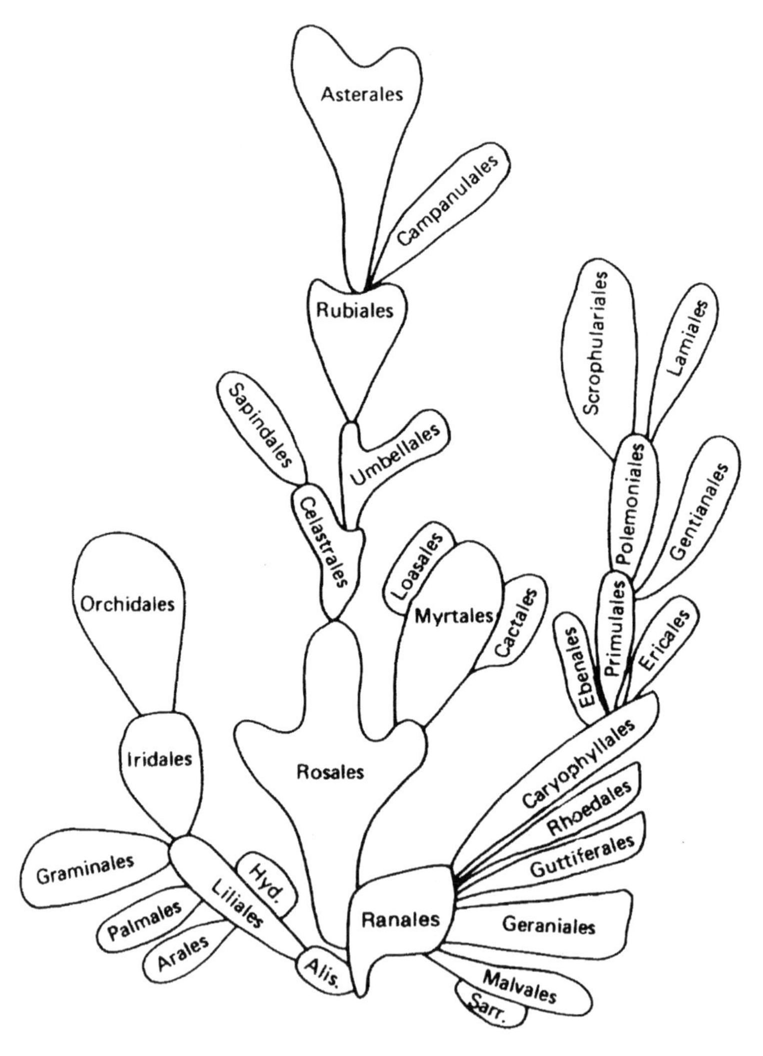

图 2.5 查尔斯·贝西于 1915 年绘制的有花植物进化关系描绘图（常被称为“贝西仙人掌”）

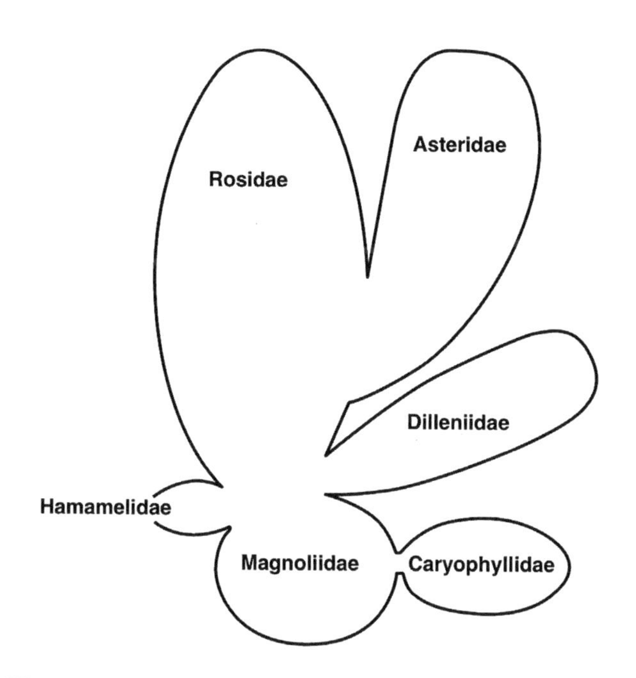

图 2.6 阿瑟·克朗奎斯特绘制的有花植物进化关系的描绘图

图片改绘自参考文献［3］。

海克尔[4]、贝西[5]、克朗奎斯特[3, 6]和其他生物学家绘制的这些关系图（diagram of relationships）都有一个共同的特征，即这些关系反映了科学家们自己的“直觉”（gut feeling）。同时，这些科学家往往只关心主要有机体类群如何关联，并没有考虑所有物种。例如，克朗奎斯特分类系统中一个有花植物类群——石竹目（Caryophyllales）包含了数千个物种，但所有这些物种之间的关系却并未被科学家展示出来。不仅如此，这些作者描绘的“树”只反映了他们对物种的形态学性状［morphological character，即外观（appearance）］的解读——显然他们认为这些特征很重要，但这些“树”都没有严格遵循明确的建树方法。

从达尔文时代到 20 世纪中叶的近 100 年时间里，这种主观的建树的方法是“系统学”（systematics，这是一门任务艰巨的学科，主要是对物种进行命名、描述、分类，以及确定不同物种之间如何联系）研究领域的代表性特征。此时，这条脉络中的这种“树思维”（tree-thinking，即生命之树思维）大多基于专家知识，但缺乏科学立场的严谨性和可重复性。作者们并未明确说明使用了哪一些特征或性状来推导出自己对（进化）关系的观点，而其他学者也无法用此类数据集（未提供数据）来检验前者的关系假说或对其分析进行重复验证（甚至从未进行过）。所以，这种方法基本上是主观的。

革新：构建系统发育树具体方法问世

物种间进化关系树（trees of evolutionary relationships）被称为系统发育（phylogeny，又称系统发生、种系发育、种系发生学）。“系统发育”是本书中为数不多的重要术语之一。正如本书其他地方所提及的，这样的进化关系树对于当代生物学和人类生存而言至关重要。鉴于其重要性，“系统发育”应该作为日常用语出现在生活中，就像“生态学”和“生态系统”这类术语那样被社会大众广泛接受和使用。“系统发育”一词起源于希腊语“*phulon*”，意为“部落 / 宗族”，而“-geny”则代表“起源”。因此，“系统发育”的意思是“类群的起源”。

从上面的论述中我们可以明确地看出，建立一种科学、严谨的构建关系树的方法迫在眉睫——无论某个研究者具有多么丰富的经验或倾注在生物研究上的时间有多长，都不应该再仅仅依赖他的直觉。令人惊讶的是，尽管严谨地构建简单的“系统发育树”的方法被提出了近 70 年，但它在生物学研究中的广泛应用至今才约其中的一半时间，而构建包含数千个物种的真正意义上的大型系统发育树则是近 10 年的事情。后者的突破在很大程度上归功于技术的创新，包括新算法的开发、计算能力的提升和创新的 DNA 测序技术（见第三章）。

直到 20 世纪中叶，科学家们才开发出定义完善、准确且具可重复性的方法和准则，用于系统发育树的构建。正如科学研究中经常发生的情况一样，几乎在同一时期内，不同的研究者各自通过独立研究在多个特定领域都实现了巨大突破。最杰出的贡献者是来自德国的昆虫学家维利·亨尼希（Willi Henni，1913—1976，图 2.7A）。他原本是一位科学家（昆虫学家），也是一位二战期间的德国军官。亨尼希凭借自身的努力，造就了个人的传奇经历，足以单独成篇。亨尼希教授被认为是系统发育系统学（phylogenetic systematics）的奠基人，该学科旨在构建不同生物之间的关系树。1950 年，他就用德文概述并发表关于系统发育系统学理论[7]，然而鲜有人注意。当亨尼希用英文重新发表后[8]，他的建树理论立刻引起关注，而其他科学家如获至宝，并迅速用于实践。亨尼希使用性状（character）和性状状态（character state，比如花色作为一种性状，具有红、粉、白等不同的状态）来构建关系树（图 2.7B）。然而，亨尼希的这个想法并非自己原创，他曾承认其部分观点源于德国植物学家瓦尔特·齐默尔曼（Walter Zimmerman，1892—1980）[9]。与此同时，美国蕨类生物学家沃伦·赫伯·瓦格纳（Warren Herb Wagner，1920—2000) 在对亨尼希的研究毫不知情的情况下，也曾独立地提出了与亨尼希十分相似的理论[10]。简言之，在 20 世纪中叶，齐默尔曼、亨尼希、瓦格纳等一大批科学家，都在系统发育树构建的革新方面做出了巨大贡献；他们都采用容易观察的形态学（外观）特征作为构建系统发育树所用的性状和性状状态。因此，需要

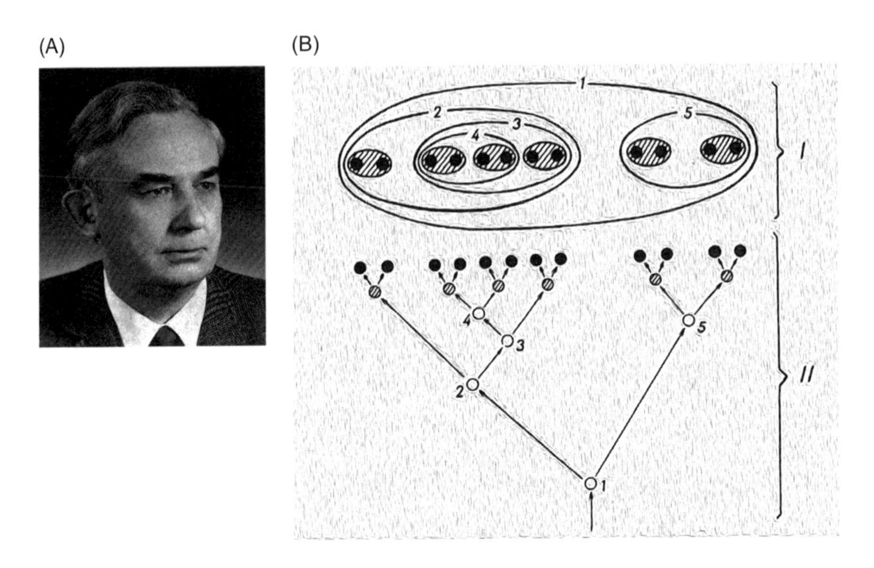

图 2.7　德国科学家维利 · 亨尼希及其系统发育树简图

（A）维利 · 亨尼希肖像（来自维基百科自由共享资源）。他开发了构建系统发育树的方法。（B）亨尼希绘制的系统发育树简图。图片改绘自参考文献［8］的原图 18。

重点记住的是，构建严谨的系统发育树并不像化学、物理学那样具有悠久的历史，目前还是一个相对年轻的研究领域。

亨尼希是首位明确地提出构建系统发育树原理的学者。他引入了一些关键概念，例如术语“支系”（clade，又称进化枝、分支）——代表了包含了一个祖先物种及其所有后裔物种的物种群（group of species）（见图 2.8 中的示例）。亨尼希构建了由多个性状（如昆虫的翼斑）和每个性状所具有的可变的性状状态（如翼斑的有无）组成的数据集。这些包含大量性状和性状状态的数据集就是潜藏在构建关系树背后的“证据”。

亨尼希的原创贡献是对有关联的有机体所组成的类群（group）提出支系的概念，也就是把共同具有新的性状状态——被称为共同衍生状态（shared derived state）——的物种放在同一个分支中，而这些新

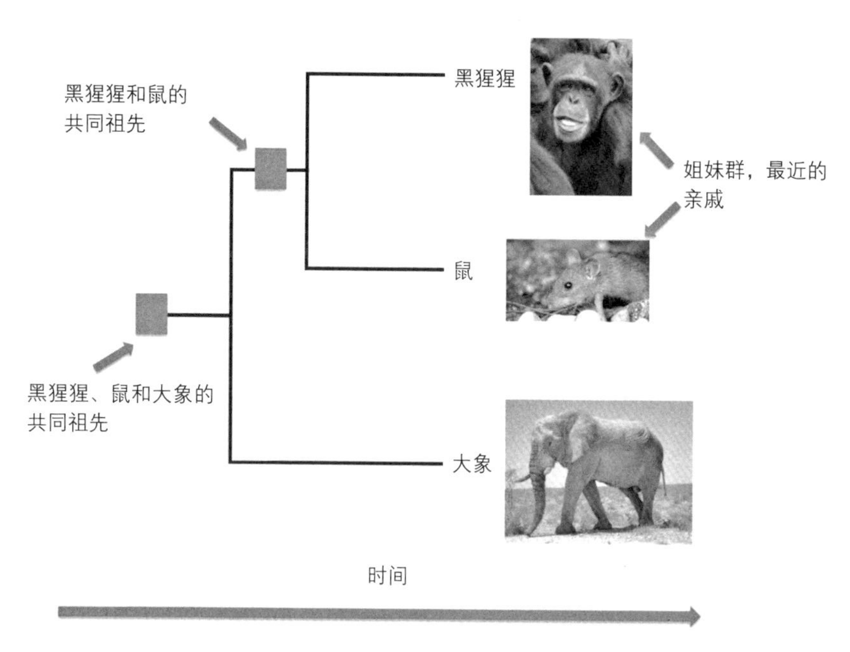

图 2.8　以哺乳类为例的系统发育树简网

的性状状态在其他相关类群中是没有的。举个例子，对一个昆虫类群而言，该类群中多数物种的翅脉序（wing venation）是 5 条（而且该类群以外的其他一些昆虫物种也具 5 条翅脉序），而另一个昆虫类群具有 3 条翅脉序，那么 3 条翅脉序便可被认为是将这些物种联合起来的共同衍生特征（shared derived feature）。亨尼希还认为，共享的祖先性状状态（shared ancestral character state）不应该被用来构建系统发育树，因为它们不能反映生物最佳的进化关系（例如上面提到的 5 条翅脉序的状态）。亨尼希提议使用与所研究的群的亲缘关系较近的群来确定一个性状的祖先状态或衍生状态。同时，他还注意到，有些性状在不同群中可能还存在平行进化或反转进化现象，这会让系统发育树的构建变得复杂。举例来说，一个存在于祖先类群的性状状态（如红花），可能在经历进化改变（evolutionary change）后，在进化后代（evolutionary descendant）中变成了白色；然而，一个或多个进化衍生物种（evolutionarily derived species）可能经历了反转，使得这个性状的状态又变为红色。

构建系统发育树入门

用详尽的篇幅展开描述如何使用性状构建系统发育树并不是本书的初衷[11, 12]。但是，运用一个由性状和状态构成的简单矩阵以及这里将要描述的非常基本的方法，手动构建一棵涉及少量物种和性状的简单系统发育树并不困难（图 2.9）。首先，我们需要组装性状和这些

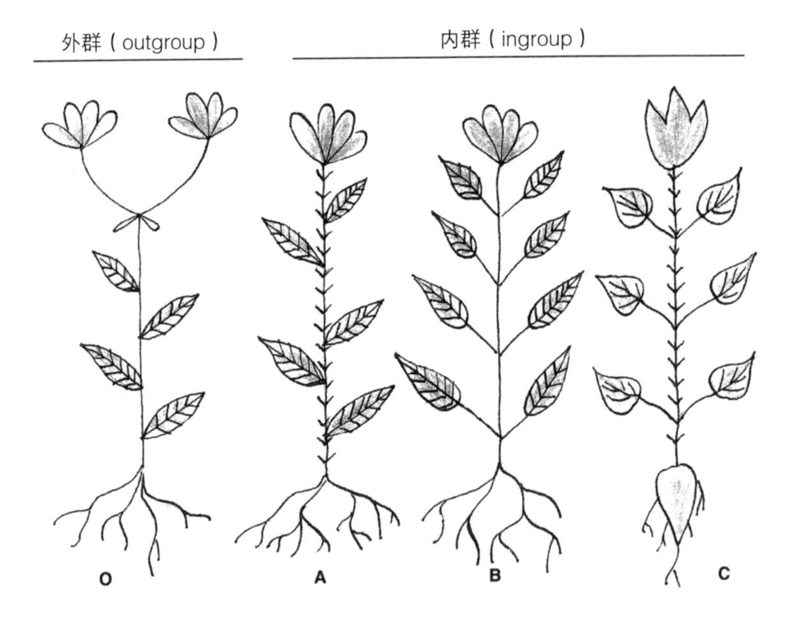

图 2.9　构建系统发育树教程示例

图中内群包含三个假想的物种（A、B、C）和一个外群（O）（埃琳娜·马夫罗迪娃绘图并惠赠）。

性状对应状态的矩阵。一个简单的例子是花瓣的颜色，或许研究的类群中有好几种花色，如红色、白色和蓝色。花瓣数量是另一个性状，例如观察到花瓣具4片或3片这两种状态。或者，对于昆虫而言，翅脉序这个性状可能具有多个状态，有3条或4条，如之前所述的例子。更多的性状和状态可以如法炮制，逐步添加到数据集中。表2.1所示的例子提供了3种假想植物不同性状的赋值情况，涉及的性状和状态都十分简单，例如叶片互生或对生，茎具毛或无毛，花瓣4片或3片[13]。

表 2.1　用于系统发育分析的三种假想植物（见图 2.9）的形态性状信息

形态特征	性状状态[a]	
	祖先的	衍生的
1. 根	细弱（0）	块状（厚实）（1）
2. 茎	无毛（0）	具毛（1）
3. 叶	互生（0）	对生（1）
4. 脉序	羽状（0）	掌状（1）
5. 叶柄	缺失（0）	存在（1）
6. 叶基	尖锐（0）	心形（1）
7. 花瓣	4片（0）	3片（1）
8. 花部	分离（0）	合生（1）
9. 花序[b]	2朵成组（0）	单花（1）

注：[a] 括号内为性状编码；[b] 花序的状态（单花或2朵成组）不能再细分，除非有新的外群。

那么，研究者怎么确定这些状态中，哪个是祖先状态，哪个是衍生状态呢？毕竟，没有时光机器可以让时间倒流，让研究者回到祖先物种生存的时代去观察。研究者通过使用与被研究类群亲缘关系较近的若干个其他类群（被称为外群）来尽量解决这个问题。那些被多个外群共享的状态通常被认为是可能的祖先状态。现在，我们来构建一个简单的矩阵，其中外群的状态被赋值为“0”，衍生状态被赋值为“1”（图 2.9）[13]。

当然，这些性状只适用于特定的有机体类群——花瓣颜色这个性状肯定不适用于两栖类。同样，翅脉序这个性状不适用于菌类。有没有哪一种形态学性状普适于所有生物呢？答案是否定的！简单来说，没有人可以通过这种方式构建包含所有生命的生命之树。上述的这些限制使得我们的双重目标——阐释所有现存物种之间的进化关系，并将其呈现在一棵庞大的系统发育树上，成为有史以来最艰巨的科学挑战之一。

如上所述，当性状和对应的性状状态被汇集在一张表格中时，系统发育树就可以构建了。但是基于这些信息，要如何构建关系树呢？亨尼希的方法是针对每个性状构建独立的系统发育树，然后将所有独立的树整合在一起。然而，当物种和涉及的性状数量增加时，问题就来了。这些树变得十分复杂，也可能存在多种可以互相替代的备选概要。我们该如何在这些不同的备选中做出选择呢？解决方案是运用简约法原理（principle of parsimony）。术语“parsimony”来源于拉丁语“*parsimonia*”，后者原意为“朴素”或“简洁”。本质上，这个原理的核心是最简单的解决方式就是最佳的。尽管简约法曾被古希腊人用于其他用途，但其原理在科学界是通过威廉·奥卡姆（William of Occam，或 Ockham，1285—1349）的论述才变得闻名：“除非必要，勿增实体”[14]。由于奥卡姆在一次科学辩论上用这样的方法将对方辩手的论据击得粉碎，使得奥卡姆剃刀原理（Occam’s razor）变得广为人知。如今简约法原理被广泛应用在构建系统发育树上，意味着具有性状变化次数最少的系统发育树被接受为最优树。

这种在备选树之间进行选择的方法如图 2.10 所示。通过对数据的最简单解读（即具有最少的变化次数），可以轻松检验备选树，并最终确定最优系统发育树。斯沃福德（D. L. Swofford）[15] 和费尔森斯泰因（J. Felsenstein）[16] 在他们的论文中更详细地阐述了简约法。尽管进化事件并不总是遵循简约的方式进行，但这种使用简约性标准来选择关

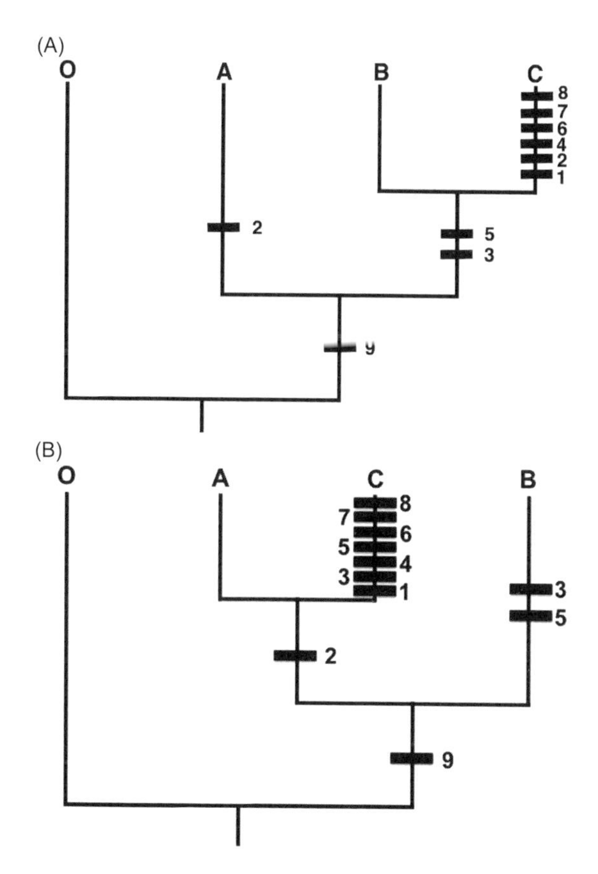

图 2.10　关系树的构建方式

（A）基于表 2.1 和图 2.9 中的性状的最短（最佳）关系树。（B）另一棵同样基于表 2.1 和图 2.9 中的性状（但更长）的关系树。

系树的方法是对数据的“最佳”解释。

这里只是对构建系统发育树方法的发展历史做一个简单概括。整本书都将围绕着这个复杂的主题，回顾许多系统发育树的构建方式，并评估不同系统发育树的可信度。许多聪慧的研究者投入了大量的时间和精力来开发更新、更快的建树方法。详细讨论与此相关的全部细节，大大超出了这本书的范围（关于构建大型系统发育树在方法学上遭遇的巨大挑战的内容，详见第三章）。其他常用的构建系统发育树的方法主要包括最大似然法（maximum likelihood）、贝叶斯推理法（Bayesian inference）和邻接法（neighbor joining）[17]，我们就不在这里展开。到20世纪八九十年代，系统发育树的构建已成为一门成熟的科学。然而，构建一棵包含所有已命名物种的真实系统发育树仍然是一个巨大的挑战——简直就像是生物多样性研究领域的“登月计划”。

解读系统发育树

如何去解读一棵系统发育树需要一些练习。对于一些人来说，鉴于对家谱和分支模式的描述，他们凭直觉就可以解读系统发育树，因为系统发育树包含物种关系的方式与家谱是一样的。物种位于系统发育树分支的终点（end point），或称为树的“末梢”（tip）。紧密联系的物种会被树的各个分支联结起来，而紧密联系的物种群（在有些情况下，它们组成属）会在系统发育树的更深分支处联结，以此类推。

然而，这种分支关系有多种呈现方式，而这种多样性起初可能会给初学者带来困惑。有时，系统发育树是垂直展示的，名称在树的上方，而分支从共同祖先垂直伸展（图 2.10）。达尔文在《物种起源》中的简单关系树就用这样的方式呈现（图 2.1）。许多读者喜欢这样的树形，因为它与我们常见的家谱图相似，尽管在典型的人类家谱中，父系和母系长辈在上方，晚辈在下方，而这与达尔文的绘图方向相反。另一种常见的系统发育树是水平展示的，即名称位于一侧（图 2.11）。还有一种格式是圆形树（circle tree），祖先分支在非常靠近圆心处，物种名依次被排列在圆形树的外环里的分支末端。这种圆形树现在也很常用（图 2.12），尤其是在有限的空间内呈现很多物种的系统发育关系时。水平树（horizontal tree）与圆形树是可以相互转换的，而树上的物

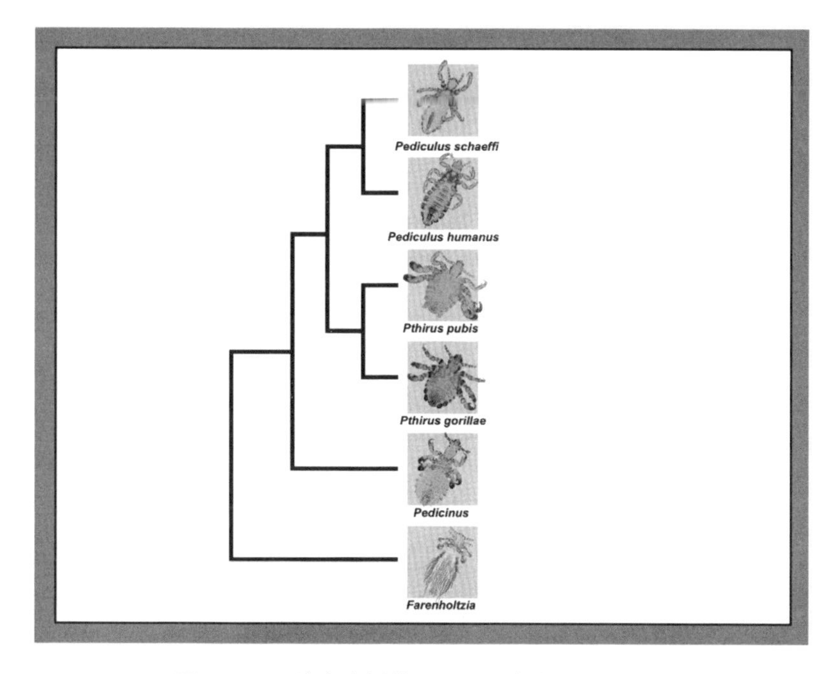

图 2.11 系统发育树的不同呈现方式——水平式

图片由美国佛罗里达大学佛罗里达自然博物馆的戴维 · 里德惠赠。

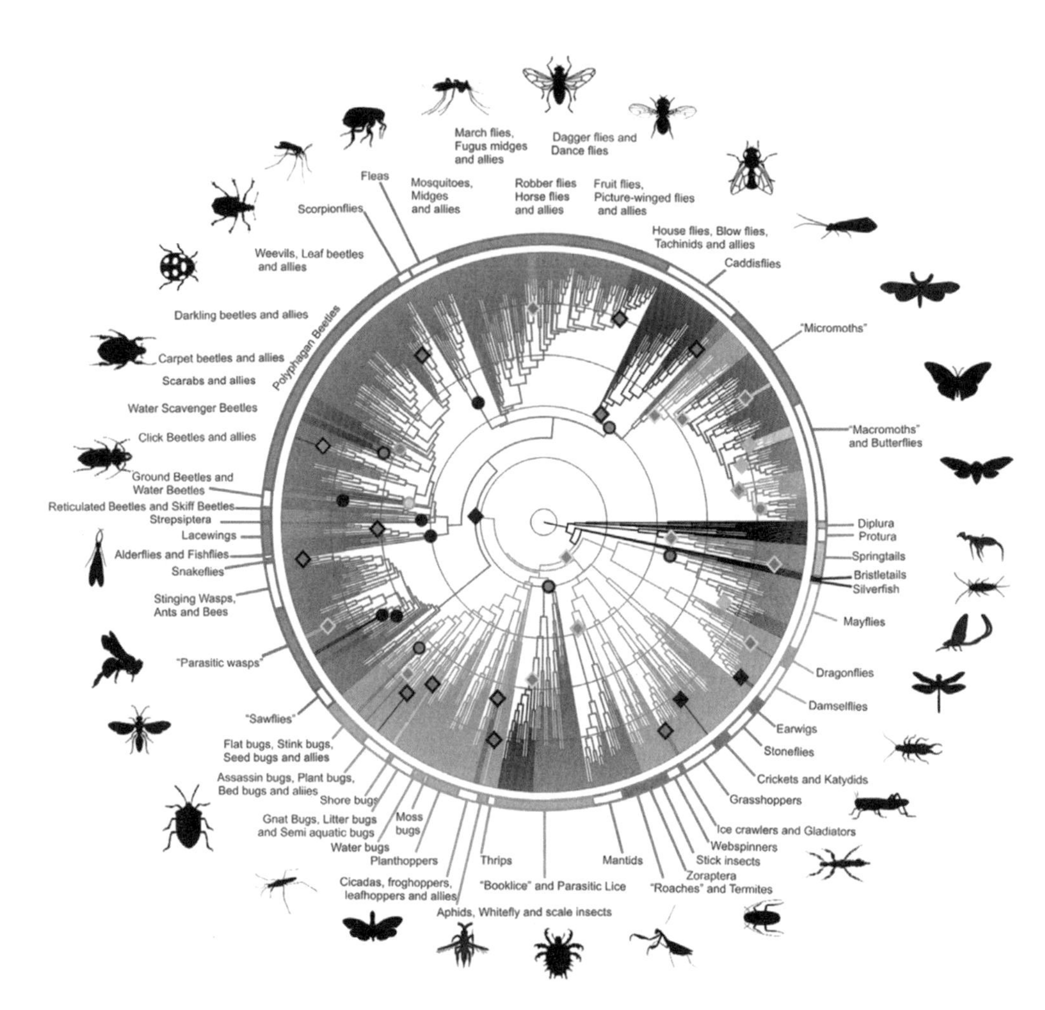

图 2.12　系统发育树的不同呈现方式——圆形式

图片来自维基百科自由共享资源。

种关系并不会随之改变。尽管呈现系统发育树的方法多样，但既能全面展示大系统发育树的复杂性，又能以可视化方式兼顾其美观性，仍然是一个非常活跃且充满挑战的课题，还需计算机科学家和图形设计师进一步合作和开发（参见第七章）。

第三章

生命之树的构建：针对生物多样性的“登月计划”

我们决定在这个10年内实施登月计划和实现更多梦想（目标），并非因为它们轻而易举，而是因为它们充满了挑战，因为这个目标将促进我们组织并测试我们顶尖的技术和能力，因为这是一个我们愿意接受的挑战，因为这是一个我们不愿意推迟、志在必得的挑战。

——约翰·F. 肯尼迪（John F. Kennedy），

1962年9月12日在莱斯大学（Rice University）的讲话

生命之树：期待已久

尽管20世纪后期构建关系树（即系统发育树）的方法取得了进展，但在此期间的大多数建树规模都相对较小——不到50或100个物种。直到1993年，一棵包含500个物种的关系树的发表成为里程碑式的事件[1]。这是因为在更早的几年前，人们普遍认为构建大关系树是不可能实现的。在21世纪初，才有包含1 000多个物种的大关系树发表。直到2015年，第一棵包含所有已命名的生物（约230万个物种）的生命之树草图才终于公布[2]。其实，早在《物种起源》提到“伟大的生命之树”之前很久，达尔文就开始勾画描述物种关系树图。如果达尔文今天还健在，当他知道最近才发表第一棵包含所有已命名的生物的生命之树时，他可能会问“为什么花了这么久时间？”。为什么构建第一幅这样的生命之树的草图如此困难呢？

虽然原因诸多，但最简单来说是因为建树本身就很困难，而且构建包括所有生物的真正大树尤其困难。构建宏大的关系树，还需要外观（形态学）数据之外的其他数据源，而DNA序列（DNA sequence）数据的使用给建树带来了革命性的改变。建树对计算资源的消耗也具有极大的挑战性，构建包含数千个物种的巨树的计算难度甚至与物理学、数学和天文学领域的著名分析难题相当。因此，计算工具和计算能力的开发也必不可少。总之，由于种种原因，生命之树的构建长期以来一直被认为是生物学领域的一个巨大挑战，也是关乎生物多样性的“登月计划”。这是一个直到最近才被攻克的难题，而且它必须经历一场完美风暴。

完美风暴

在过去10年中，通过算法开发、DNA测序革新和计算能力提升的完美风暴——日新月异的革新，生命之树的构建才得以实现。这些突破使得由计算机科学家和有机体生物学家（organismal biologist）组成的合作团队，能够为地球上约 230 万个已命名物种构建第一幅生命之树的草图。并且，这里值得单独强调的是“团队”合作。从某种意义上说，这种团队合作的成功反映了现代科学的精髓——具有不同专家知识领域的研究团队共同努力，解决来自单一学科的专家无法独自攻克的重大难题。

这场完美风暴不可缺少的一个关键因子就是 DNA 序列信息。我们一旦实现了轻易、快捷地对基因进行测序，则 DNA 序列数据便很快成为建树的首选工具，也是完美的建树工具。相比于形态学、性状和状态特征的难以确定标准和赋值（见图 2.9），DNA 序列数据相对更容易处理——基因能被用于比对，而且基因的 4 种碱基（即 G、A、T 和 C）作为 DNA 的结构单元是显而易见的状态。目前已有成千上万跨越不同生物的基因被测序和比对，而且每个基因都有数百个性状（每个性状由 G、A、T 或 C 组成）可进行比对——这是一个能在建树时提供有效性状的“金矿”（图 3.1，彩图 3.1）。尽管在 20 世纪 90 年代，人们还面临着计算能力有限和可用的基因序列较少等

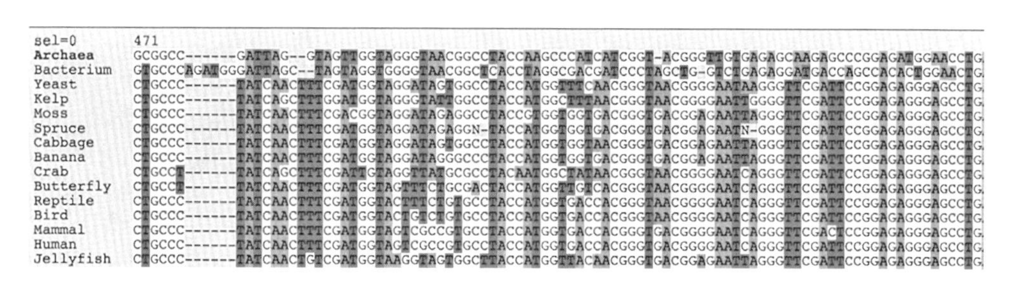

图 3.1　显示核苷酸比对的 DNA 序列矩阵

本图展示了来自不同物种的同一基因的 DNA 序列的比对情况，其中不同的颜色代表不同的核苷酸（参见彩图 3.1）。细菌（Bacterium，在序列矩阵第二行）具有独特的核苷酸区域，而为了使该区域与其他物种的序列对齐，则需在所有其他物种的序列中手动（或通过计算机软件）插入间隔符（-）。图片来自维基百科自由共享资源。

困难，但当时植物领域的早期突破性研究，已证明构建多达500个物种的关系树仍然是可行的[1]。“水闸已打开”，此后的发展便犹如百舸争流。

随着越来越多的DNA数据分析需要，提高对大数据、多物种的计算和分析能力就显得尤为重要。同时，还需要优化算法和建树方法，以便简化建树的分析过程。因此，这场革新的完美风暴不仅涉及测序技术的改进，还涉及计算能力的增强和算法的优化。当然，负责收集和鉴定样本的有机体生物学家的作用也至关重要——没有野外生物学家的工作，生物多样性将无法被正确地鉴定、收集和编目。事实上，现代生物多样性科学家（biodiversity scientist）必须涉猎上面提到的所有事情——用外行人的话来说，现代生物多样性科学家就是科学界的“十项全能运动员”。

生命之树：大到难以掌控

构建大的关系树远比我们通常认为的复杂得多，因为即使是少数几个物种也会产生数量惊人的可能树（possible tree）。30年前，当我们实验室和其他合作者开始构建仅包括几百个物种的“大树”时，我们就被告知这是一个不可能完成的任务——一些简单的数学知识给出了原因。费尔森斯泰因的论文表明，随着树上物种的增加，可能树的数目呈指数增长[3]。例如：4个物种可产生15种可能的种间关系，即15棵可能的有根树（rooted tree）；物数增加到10个时，就会产生2.82亿棵有根树；当物种达到22个时，就会产生3×10^{23}棵可能树，这个数字近似于化学中1摩尔物质中所含的粒子数——阿伏伽德罗常数

（Avogadro’s number，6.02×10^{23}）。因此，仅仅 22 个物种，就产生大约 1 摩尔的可能树。当物种数在 228 个左右时，黑利斯估算出，可能树的棵数超过宇宙中的所有原子总数（图 3.2）[4]。

物种数量	可能的有根树数量
1	1
2	1
3	3
4	15
5	105
6	945
7	10 395
8	135 135
9	2 027 025
10	34 459 425
11	654 729 075
12	13 749 310 575
13	316 234 143 225
14	7 905 853 580 625
15	213 458 046 676 875
16	6 190 283 353 629 375
17	191 898 783 962 510 625
18	6 332 659 870 762 850 625
19	221 643 095 476 699 771 875
20	8 200 794 532 637 891 559 375

图 3.2　随着物种数增加，可能的有根树的数量呈指数增长

图片重绘自参考文献［3］。

从上述海量的可能解决方案（即可能树）数量的论述中，我们可以清楚地了解到，想要构建和评估包括从上千个到数百万个物种的大树，将面临极大的挑战。因此，我们需要完成的双重目标，即阐释所有现存物种之间的进化关系，同时设法展示这棵巨大的生命系统发育树（phylogenetic Tree of Life），将是有史以来影响最深远、前人从未遇到过的最艰巨的科学挑战之一。迄今为止，人类共计描述了超过 230 万个物种，但还有数以百万计的物种未被发现或已灭绝，显然生命之树的规模是极其宏大的。因此，组装生命之树的计划长期被认为是生物多样性的“登月计划”[5]，也曾一度被许多人认为是不可能完成的任务[6, 7]，就不奇怪了。众多研究者曾提出，不可能真正构建一棵大型关系树——建树只能针对少量的物种，以便让分析可以在合理的时间范围内完成。也有一些研究者设想，当务之急是将构建物种系统发育树的难题分解为大量的小难题，即同时构建大量仅含 4 个物种的小树[7]。但目前尚不清楚这种“大事化小”的方案如何在那么大的有机体类群中实现——如何构建一棵包含 1 万种鸟类、35 万种有花植物或数百万个物种的生命之树？

曾经有一位年轻的美国总统说过，我们可以完成不可能的事。这句话对于在 20 世纪六七十年代成长起来的美国年轻人来说，非常有影响力。肯尼迪的登月演讲也一直鼓励着生物学家——为什么一些事情被认为是不可能的呢？或许它是有解决方案的。这些早年的话语至今依然激励着我们，作为独立个体应该勇于解决最困难、最艰巨的难题，并且拥有决心和合作精神（当然，还有时机和运气！），许多科学难题可以被我们攻克。

除了建树规模大所带来的挑战之外，获取生命之树级别的数据也是一项艰巨的挑战。正如第二章提到，研究者在建树时需要组装性状和性状状态的矩阵——现代方法则更多依赖 DNA 序列数据。然而，尽管 DNA 数据功能强大，但一个主要问题是，在如此庞大的生命多样性（diversity of life）的所有物种中，共有的基因却屈指可数。据估计，这样的基因数量只有约 87 个（https://www.ncbi.nlm.nih.gov/books/NBK26866/#_A61_）。但不要忘记，仅在细菌和古菌（archaea，即古核生物）中，通常就有 1 000～3 000 个基因；真核生物通常具有更多的基因，约在 15 000～25 000 个范围内（例如，智人大约拥有 21 000 个基因）。相比之下，仅仅 87 个共有基因（shared gene）是个相当小的数字，这就给构建一棵综合生命之树（comprehensive Tree of Life）带来难题。

早期对主要生命类群（group of life）的一些深刻见解，仅仅依赖在所有物种中共有的少数基因。通过研究两个核糖体 RNA 基因（它们编码的核糖体为细胞内的蛋白质合成场所，因而是生命的基础），人们发现（所有）生物可以分置于三个不同的类群，其中两个是微生物（古菌和细菌），第三个是真核生物[8]。此后，这种生命的主要类群观念被一些研究者改写为两个主要类群，本书将在第四章对此进行详细评述。然而，重要的是我们也要认识到，这两个基因与其他在所有生命中的共有基因一样，进化速度极其缓慢，因而也无法解决生命在物种水平的进化关系。因此，虽然想要通过这些基因来获得一棵分辨率很高的物种水平的生命之树是不可行的，但这些基因可以提供对主要类群的见解，并阐明生命之树的主干（backbone）。

主要得益于 DNA 测序技术的迅速发展，在过去的 20 年中，涌现出大量针对特定有机体类群的建树进展。例如，对绿色植物的早期研究为一个在光合作用中起基础作用的基因进行测序铺平了道路[9]。对哺乳类、鸟类和其他脊椎动物的分析，依赖可用于解决那些有机体类群关系的基因的发现。真菌生物学家（即真菌学家）在建树时则选用其他的基因。DNA 测序革命在生物多样性研究中正在全面展开！这些成果使我们对许多（可能占大多数）有机体类群的亲缘关系和进化的理解，发生了在过去的几百年来最翻天覆地的变化。DNA 测序和建树的变革，开创了理解生物多样性关系的黄金时代。

尽管多年来针对生命亚群（subgroup of life）进行了建树，以及拥有关于特定类群的大量新见解，但是直到几年前，构建一棵全面详尽、包含所有生命的综合树（comprehensive tree）仍然是一项艰巨的任务。其中一个挑战是大多数研究者只关注他们自己感兴趣的类群（比如鸟类、蛇类、有花植物和真菌），却很少有人注重它们的整合。当构建生命之树的不同部分（即不同类群）使用了不同的基因时，那该如何整合所有这些生命类群的序列数据呢？一种方法是，将许多物种和基因放入一个大矩阵中——它的专业术语是“超矩阵”（supermatrix）[10]。随着 DNA 测序的便捷化，超矩阵变得越来越大。现在，构建数千个物种的几个基因和数百个物种的大量基因的数据集已经流程化。随着测序技术的进步，数据集只会变得更大，包含的基因也会越来越多。然而，来自不同类群的数据缺乏显著的重叠（共有的性状），使得这种方法在构建生命之树时存在明显的问题。

另一种用于构建越来越综合的系统发育树的方法是，将大量较小的系统发育树整合成单独一棵、更大的综合树[11]。这种方法被称为“超树”（supertree）方法。与整合底层基础的 DNA 序列数据的超矩阵方法相比，超树方法是把至少共有一些物种的树群（group of trees，即

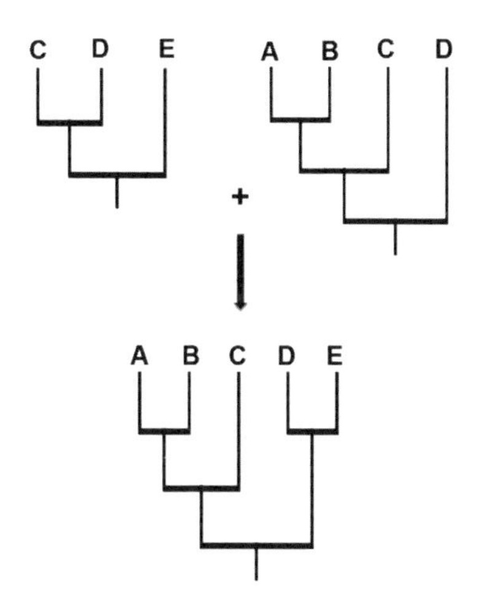

图 3.3 超树的构建原理

利用重叠物种（标签 C、D），将两棵树融合或结合成一棵“超树”。

成组的多棵树）整合为一棵综合树（即超树）。超树由于包含那些输入树（input tree）中的所有物种，并合并了内容（即物种）重叠的树，因此包含比任何输入树更多的物种（图 3.3）。超树和用于构建超树的方法现在广受好评[12-14]。超树方法已被用于构建出一些生命类群的令人印象深刻的关系树，包括鸟类和哺乳类[15, 16]。

然而，超树也存在一些问题。超树方法并没有针对输入树之间的差异进行明确的评估，也就是说，如果针对同一些有机体的不同研究团队发表的两棵树的分支模式不同，或者不同的基因序列表明该类群有轻微不同的关系故事（进化历史）时，超树方法就有问题。同样，当两个树集（set of trees）之间的共有物种数量较少时，构建超树也有困难。此外，超树方法有时会生成在原输入的更小的树中没有的关系（如图 3.3 中的 D+E 组合）。最后一个问题是，目前的超树方法还没有提升到在完整生命之树的尺度上应用。“休斯敦，我们遇到了一个麻烦。”① 为了实现生物多样性的“登月计划”，需要建树方法的第二次革命——一次能使关系树发生巨大飞跃的革命。

图论、谷歌和构建第一棵生命之树

系统发育树是用来展示进化关系模式的最常见方式。但是，如前所述，当我们试图构建所有生命或大尺度的大树时会有很多困难。然而，对于到目前为止所讨论的关系树，当我们试图将多棵树整合时可能会出现问题。当我们试图适应多个数据集与生物过程［如水平基因转移（horizontal gene transfer，HGT）和杂交（hybridization，见下文）］的冲突时，处理关系树可能特别棘手。当整合少量重叠的树集（那些只共享一些物种的树）时，还会存在问题。那么，我们将如何克服这些困难，来构建一棵包含所有已命名生物的关系树呢？

要解决构建包含数千个或数百万个物种的真正的大树的难题，其中一种路径就是使用图论（graph theory）[17]。开始之前，我们先回顾一点数学知识，但不要惊慌。图论的定义是“一种图形研究，是用于对象之间成对关系进行建模的数学结构”。从这个意义上说，一幅图形由通过线连接的点组成（如图 3.4 所示的简图）。当然，图论所包含的知识点远不止这些[18]。其实，我们对图论的了解远远超过我们所意识到的——实际上图论在日常生活中司空见惯，大家都沉浸其中。谷歌

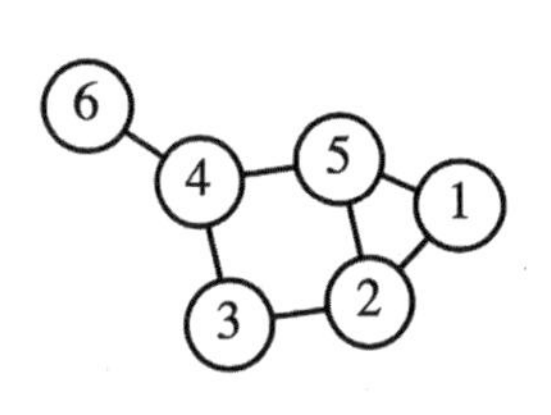

图 3.4 一幅简图
图片来自维基百科自由共享资源。

① 这句名言引自美国登月计划中一位宇航员的录音，常用来描述出现“不可预见的棘手问题”的情形。——译者注

和其他互联网平台会利用图论来连接我们的生活轨迹，例如个人消费习惯。我们在线购物时，会经常访问哪些地方（网站）？谁最有可能访问哪些在线零售商店？把点连起来！现在，把数百万个消费者连接起来，并搜索重复模式或连接方式。这些是大而复杂的问题，而解决它们就需要用到图论。以下举例说明。

如果我们使用社交媒体，那么请考虑下我们会拥有的大量连接，以及这些连接是如何表现的。这些内容就关系到一个被称为社会网络分析（social network analysis）的研究领域，涉及“在人们、团体、组织、计算机、网址和其他连接信息 / 知识实体之间，映射（mapping）和测量它们之间的关系和数据流”。每个用户都是这个网络中的节点（node），而连接（link）用来显示各节点间的关系。图 3.5 便展示了这些连接，并有效地描绘了互联网用户之间的个人关系。社交媒体上的这些社会网络图便是基于图论的。利用图论原理，社交媒体便可实现建议用户在照片墙（Instagram）上关注谁，在脸书（Facebook）上与谁交朋友等重要功能。

图论的一个主要用途是帮助公司调查顾客间关系，并借此更加有效地推销商品。这些连通图（graph of connectivity）数量庞大且错综复杂，但利用图论原理可以快速分析这些关系的连接，并从中预测下一个可能的新顾客。例如，信息传播（spread of information，即一种产品的一次销售）通过社交媒体能到达新的顾客，而图论可以帮助确定最佳的传播途径和最有可能的新目标顾客。

谷歌地图是运用图论强大功能的另一个好的例证。你可能在自己手机上用过这项技术，快速搜索从一个地方到另一个地方的最佳路线。谷歌地图可能会向你建议几条可选的路线，并会优先推荐最快到达的

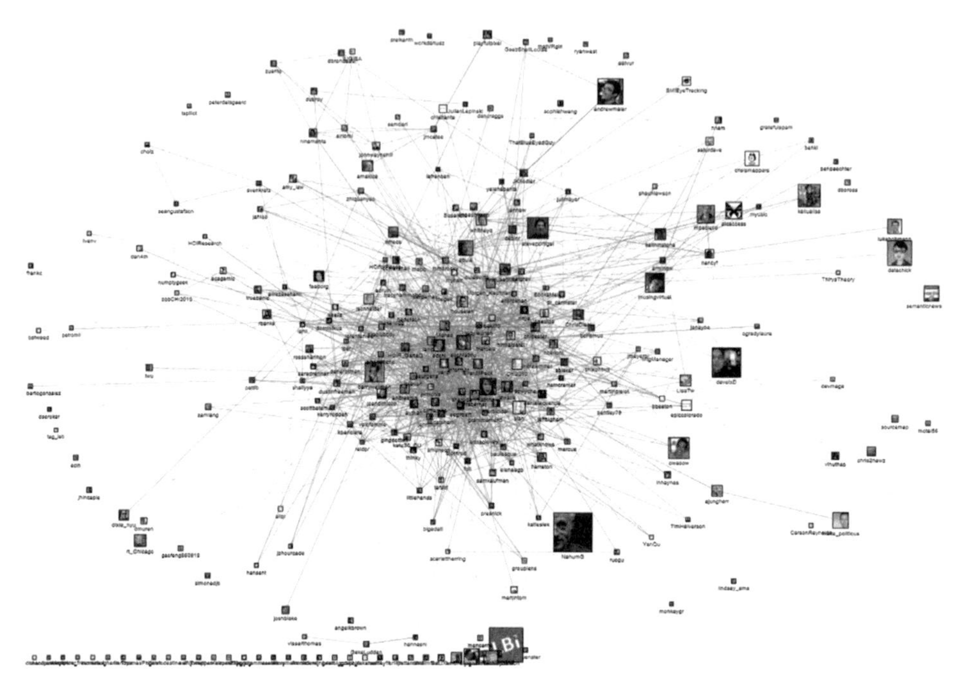

图 3.5 推特① 用户的社会网络

图片来自维基百科自由共享资源，其具体网址为：www.flickr.com/photos/marc_smith/4511844243。

那一条。这些计算过程非常迅速，搜索结果几乎瞬间就能显示在你的手机屏幕上（图 3.6）。

那么，为何不利用图论原理去构建生命之树呢？图论的核心特征是拥有处理上百万个数据点（data point）的速度和能力优势，这就使得利用图论原理构建生命之树成为可能。事实上，这就是史密斯等研究者首次提出的[17]。相关研究者已经认识到，关系树本身就是图形［准确地说，是有向无环图（directed acyclic graph）］（图 3.7）。史密斯等研究者建议，研究者们也许能在图论原理中找到解决上述构建

① 推特现已更名为“X”。——译者注

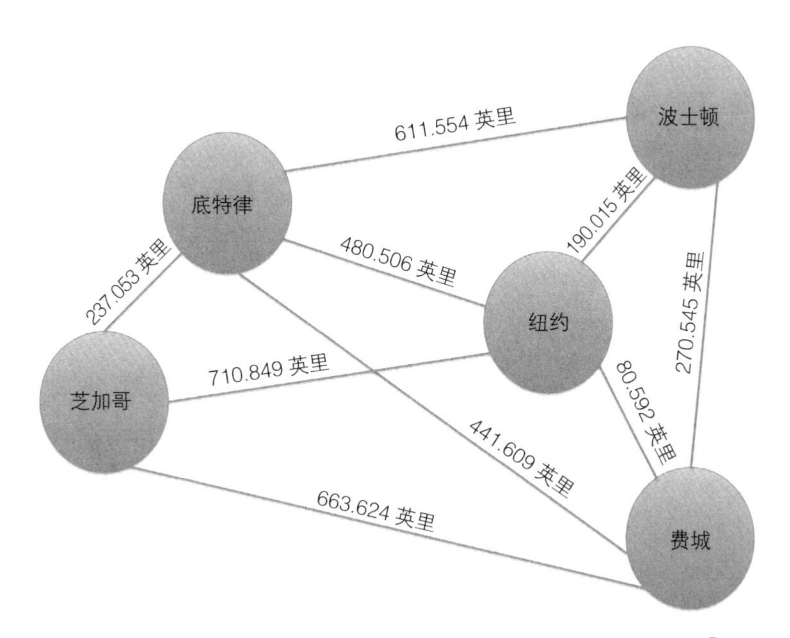

图 3.6 谷歌地图中用于显示地理位置关系的路线和距离示意[①]

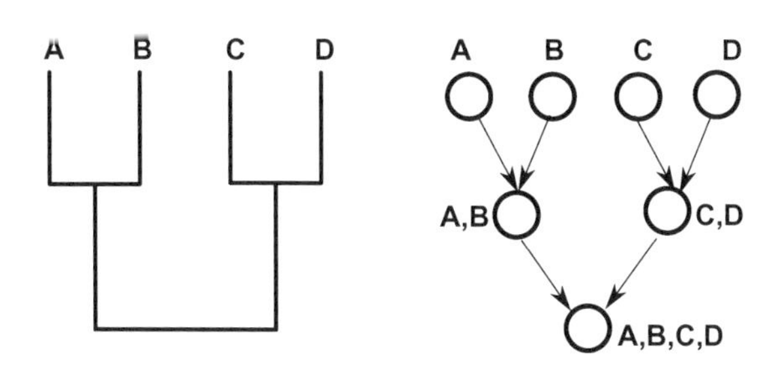

图 3.7 关系树（左图）能以图形来表达（右图）

生命之树的种种困难的办法[17]。使用图论可以完成数百万个点（这里指物种）的连接，并寻找连接这些点的一致底层基础模式（consistent underlying pattern）。图论还容忍冲突和不确定性的表示。我们能将新树

① 1英里≈1 609米。——译者注

映射到原图中，从而更新整棵生命之树。图论还允许通过图形网络更便捷地向社群提供数据服务——这比建树要容易得多。

为解决上述提到的关于建树的各种问题，研究者使用图论原理，并引入对齐、整合并分析图中关系树的新方法，称为树对齐图（tree alignment graph，TAG）[17]。通过对 TAG 的查询和分析，可以实现前面提到的目标：探索树之间的冲突和不确定性，将新树映射到生命之树并更新生命之树。图 3.8 就是基于图论来展示部分有花植物的系统关系。因此基于图论原理，研究者从根本上解决了如何重建生命之树这一难题[17]。欣奇利夫（C. E. Hinchliff）等研究者使用上述图论方法，构建出第一棵包含所有已命名物种的完整生命之树[2]。本书中，它以我们更熟悉的树形式展示（图 3.9，彩图 3.9）。然而，由于缺失数据和其他问题的复杂性，这个新颖的解决方案也面临新挑战。当然，这些新挑战也催生了科研创新，从而进一步解决这些复杂的系统发育问题，以便不断完善生命之树的构建[19]。

更多挑战：名称真有那么重要吗？

即使不考虑图论的复杂性，将关系树缝合到一起也相当有难度。那些不同的树（已按图论原理转换成图形）必须包含若干同样的物种才能匹配连接，而且不同树中的物种名称也必须匹配。这就让人联想到在莎士比亚名作里罗密欧与朱丽叶的经典名句：朱丽叶对罗密欧说，“名字有那么重要吗？玫瑰不叫玫瑰，依然芳香如故”。然而，对建树来说，物种名称是至关重要的底线。比如，两棵树（此时指图形）中相同的物种，名称拼写却不同……要是其中一个名称拼写不正

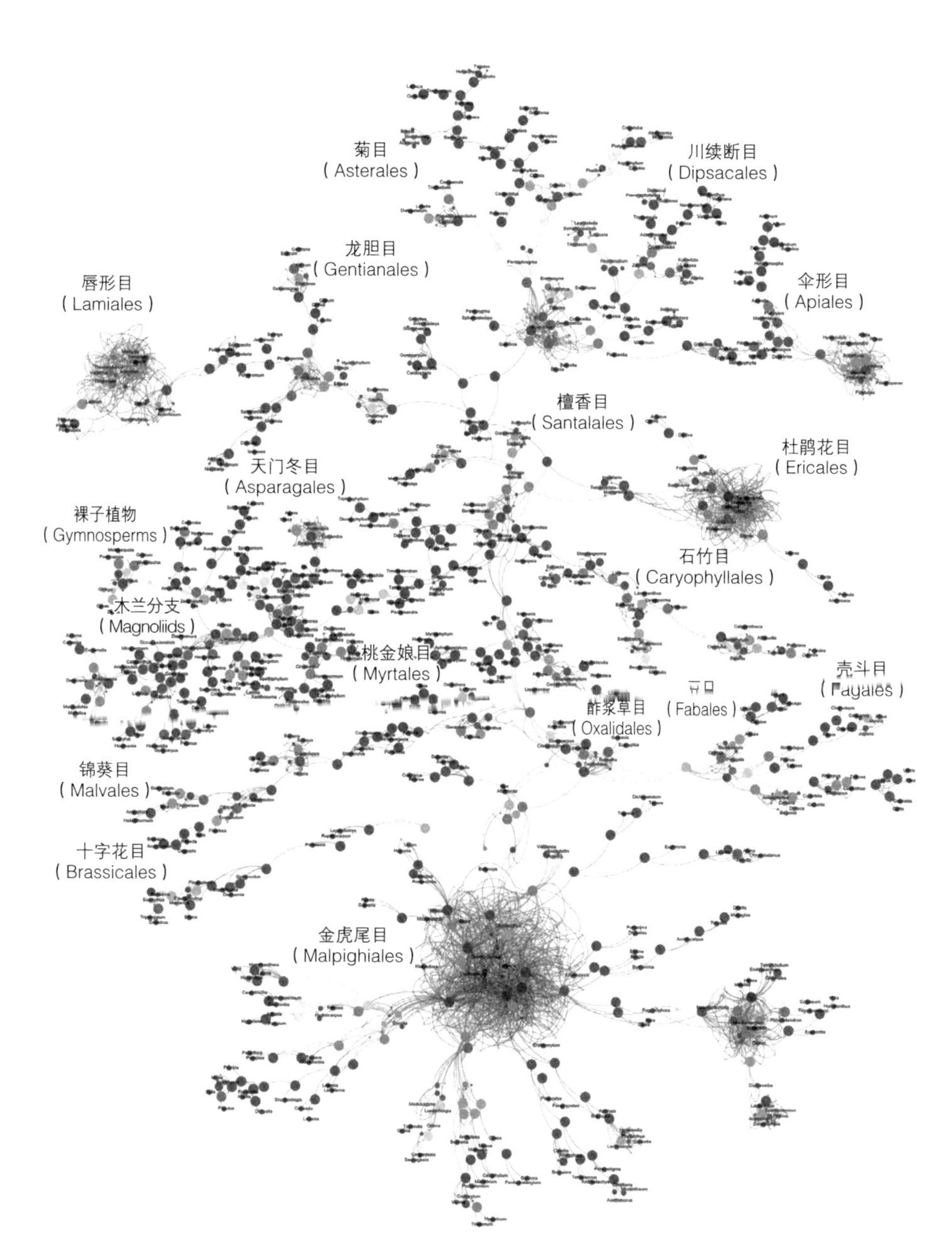

图 3.8　用图论方法展示部分有花植物间的亲缘关系

图片引自参考文献 [17] 中的原图 2。

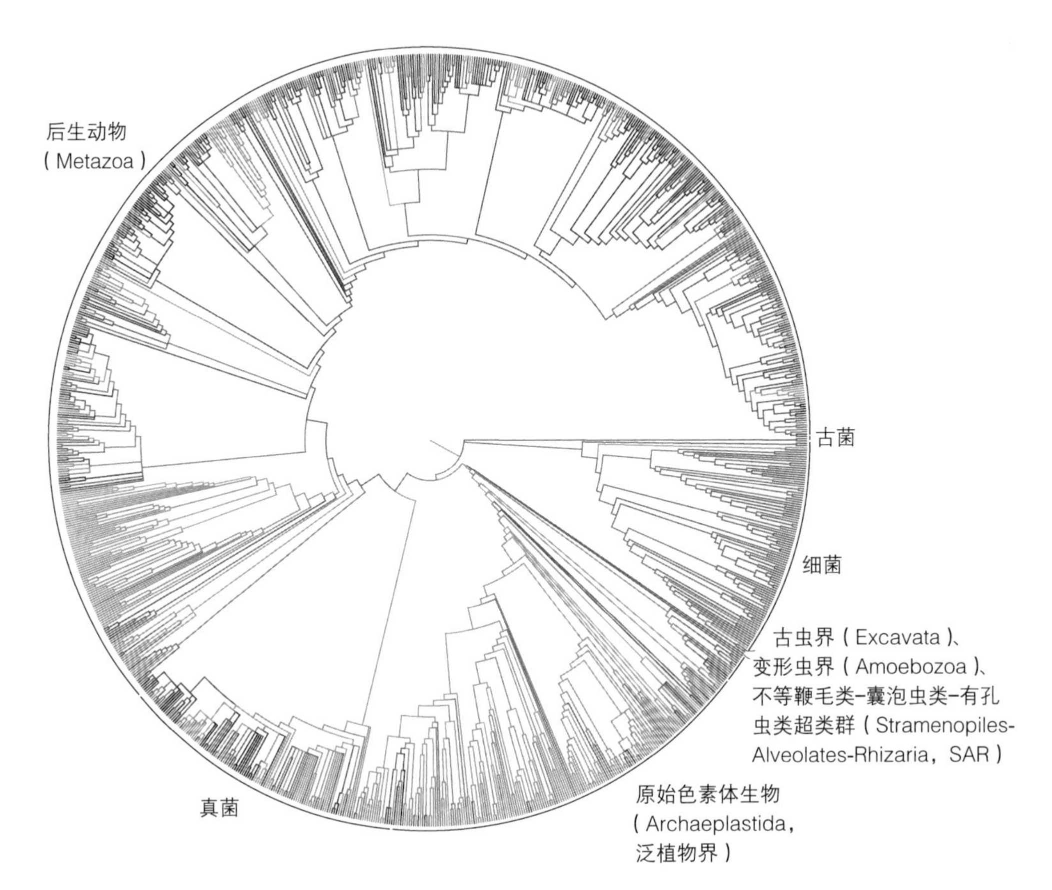

图 3.9　第一棵包含所有已命名物种的完整生命之树

图中用颜色代表 DNA 数据的缺失程度（参见彩图 3.9）。红色代表 DNA 数据较丰富，蓝色代表完全没有 DNA 数据，介于两种颜色之间的中间色代表数据缺失程度。只有约 17% 的已命名物种拥有可用于构建系统发育树的 DNA 数据。数据引自参考文献［2］。

确怎么办？我们再拿玫瑰做比喻，假设一项研究用了玫瑰的正确名称“*Rosa palustris*”［此处指学名（scientific name）］，但在另一项研究中，玫瑰的名称被错误地拼写为“*Rosa palustrus*”。与英语中“Katie”和“Katy”或“Sarah”和“Sara”分别指向同一个人的名字的情况不同，这些玫瑰的不同拼写可能会被认为是蔷薇属的不同物种。有时，某篇文章的作者只使用属名“*Quercus*”来代表栎属的白栎，而另一篇文章的作者使用其全名“*Quercus alba*”；或者，某一篇文章用了俗名（common name）“人”（human），而另一篇文章使用了学名“智人”（*Homo sapien*）（图 3.10）。计算机算法不会将这些名称进行科学意义上的准确识别，并正确匹配。所以，这些树在图论数据库里就不能匹配和建立连接。现在想象一下，在百万规模的数据库里，这样的名称与物种不匹配会导致什么问题。图论应用于建树面临的另一个问题是，有一些植物和动物被赋予了相同的学名。无独有偶，一些物种有一个以上的给定学名（given scientific name），尽管只有一个名字是正确的。判定一个物种的正确名称的难度，简直可与你们特别喜欢的谋杀谜案

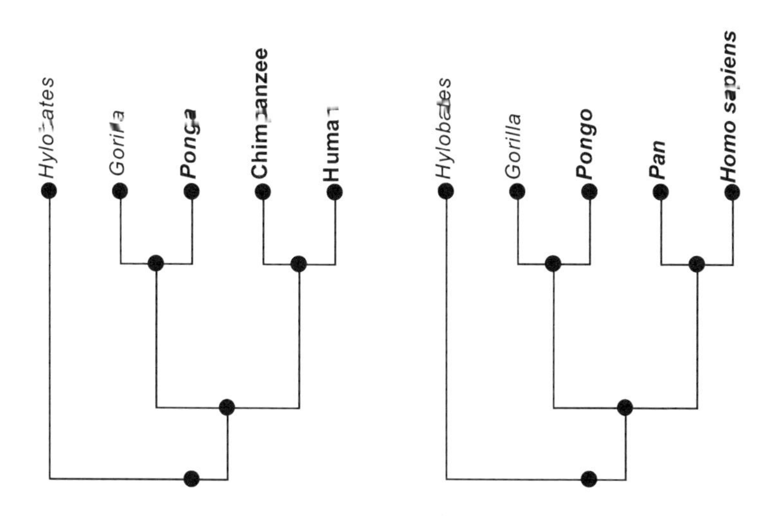

图 3.10　建树过程中的名称问题

图示中展示的两棵灵长类动物的关系树是相同的，但有些相同的物种被赋予了不同的名称。例如，Human（左树中）和 *Homo sapiens*（右树中）代表了相同的物种（智人）。与此相似，*Pan*（学名）和 Chimpanzee（俗名）是同一个黑猩猩属的不同名称。然而，使用不同的名称将会导致不同的树在结合（构建超树或树的网络）时出现问题，因为计算机的算法只会把相同的名字匹配起来。即便只是排印错误（如 *Ponga* 与 *Pongo*，后者才是正确的名称），也将导致整合数据和关系树时出现不匹配和错误。因此，建树面临着巨大困难。

侦破相媲美。计算机数据库可以助力物种名称识别（例如，玫瑰变种 *Rosa alba* var. *palustris* 其实是 *Rosa palustris* 的异名，即 *Rosa alba* var. *palustris* = *Rosa palustris*），但这个数据库必须在所有有机体类群的基础上构建，而大多数情况下这些名称问题仍然需要依靠人工解决。

生命之树与生命网络

如今我们生活在基因组研究时代，而这个时代有趣的发现之一是不同生物间存在惊人的基因交流。我们很早就已知悉，亲缘关系很近的物种可以通过杂交来交换遗传物质，但 DNA 数据分析表明，基因交流要比我们之前所想到的更常见[20]。如果杂交的子代与其中一个亲本回交，它可以导致遗传物质从一个物种渐渗到另一个物种中。我们智人祖先与尼安德特人（Neanderthal）之间，可能就发生过基因交流。

除此之外，进化还有额外的复杂性水平。有亲缘关系的植物（或一些动物）可能在杂交之后，还会经历基因组加倍。这将立即产生包含两个亲本全部基因组的新物种，从而造成生命之树的分支（或称枝条）的复合（图 3.11）[20]。生命进化充满着此类网状事件（reticulation event），所以要将生命之树绘制成一种简单的发散分支的分支模式（branching pattern of diverging branches）很难，因为分支还可能会复合。

甚至更有趣的是，即便不杂交，亲缘关系较远的有机体之间也可能会发生基因交流。例如，一些寄生植物会有来自寄主植物的基因（寄主植物是指被寄生并为寄生植物提供营养的植物）。在寄生植物大

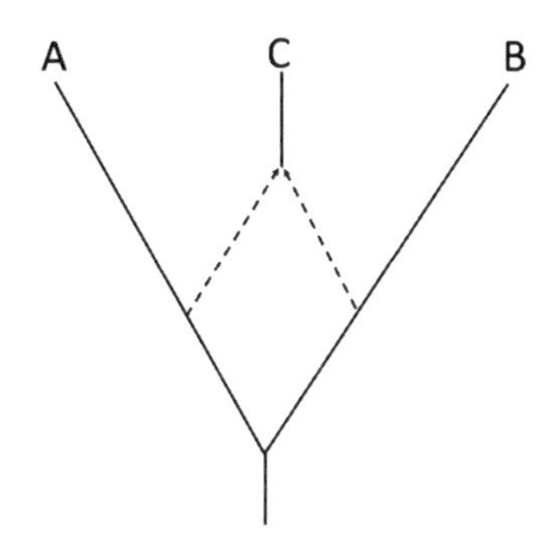

图 3.11　种间杂交是很常见的生物过程——广泛分布于生命之树的许多分支中

然而，在树中描绘杂交对建树来说极具挑战性，因为它将导致谱系融合（merger，如图所示），而不是通常在树中描绘的传统谱系分裂（conventional splitting of lineages）。

花草属（*Rafflesia*，该属拥有世界上最大的花）的基因组中，就包含一些来自其寄主植物（一种葡萄科藤本植物）的基因。这些植物之间的亲缘关系并不近。这种基因交流过程被称为水平基因转移（HGT）或侧向基因转移（lateral gene transfer，LGT）。这是除 DNA 从亲本“垂直”传递到子代之外，遗传物质在物种之间移动的另一种过程[21]。LGT 是许多有机体进化中的一个重要因素。我们还是以大花草属植物及其寄主植物为例，寄生植物和寄主植物之间的组织间紧密接触，为基因从一个物种转移到另一个物种提供了条件。

此外，LGT 的其他一些例子同样引人注目，但更难解释。一个光受体基因从苔藓植物中的角苔（hornwort）转移到了一种蕨类植物中[22]。有花植物无油樟属（*Amborella*）的线粒体基因组中，含有其他有花植物和苔藓植物的遗传物质[23]。这些遗传物质是如何转移进去的呢？

LGT 在细菌界最普遍，即一个细菌中含有可能来源于其他亲缘关系较远的细菌的基因的比例较高。LGT 过程可能广泛存在于微生物界（细菌和古菌），这将导致很难用一种简单的分支模式来表示微生物间的关系。事实上，细菌的生命之树可能更接近网格状（net-like）（图 3.12）[24]。

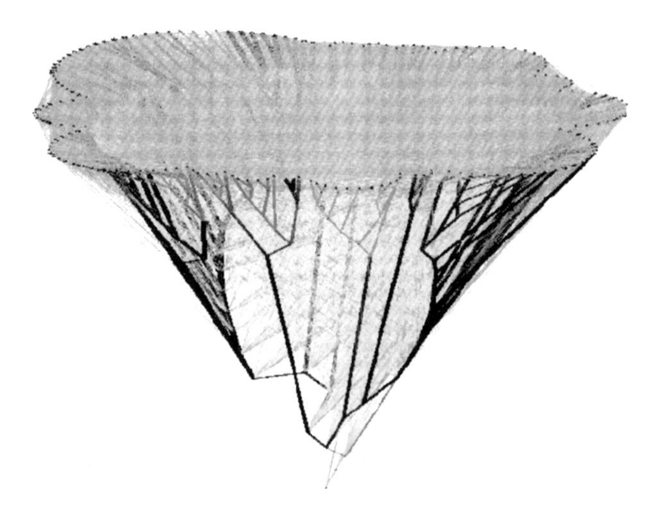

图 3.12 不同谱系间的水平基因转移（HGT）是另一个重要的自然生物过程
就像杂交一样，HGT 会将基因从一个物种转移到另一个物种。然而，杂交只发生在亲缘关系近的物种间，而 HGT 可以发生在亲缘关系远的物种间。HGT 在微生物界非常普遍。因此，网格状或网络（web）状才是细菌的生命之树更好的呈现形式，而不是简单的分支树。图片引自参考文献［24］中的原图 2。

路漫漫且修远

尽管我们现在完成了生命之树的第一幅草图[2]，但它仍处于非常初级的阶段。这棵树中许多关系仍未解析，因而它只是一个起点。当前的目标是完善这棵树——科学家们将（在公众的帮助下）研究自己专业擅长的片段（segment，这里指部分类群），并更新和完善树中的这些片段。众人拾柴火焰高，构建和完善生命之树还需大家继续齐心协力。

目前，我们手上的这棵生命之树的主要问题是它基于非常有限的数据构建。DNA 序列数据代表着关系树的主干或者基本建筑材料。然而，在目前在这棵生命之树中，只有约 17% 的物种具有 DNA 数据。这一点只要通过观察彩图 3.9 中简化的生命之树的颜色，就可以很清楚地看出。注意图中分支的颜色由红到蓝变化：红色分支代表其具有 DNA 数据支持（那些古菌和细菌是只用 DNA 数据而被放置到树上的，但它们仅占地球上古菌和细菌多样性的很小一部分）；蓝色分支代表其没有 DNA 数据；红蓝之间的阴影（中间色）指示不同数量的 DNA 数据。你们可以看出，生命之树还几乎是蓝色的。这就涉及将在第四章讨论的另一个问题——我们目前已描述的种类只占这个星球上的生物的小部分。尽管分类专家（specialist）已经命名了 230 万个物种，但是仍有数百万个物种尚未被命名。要充分了解地球上的所有物种，我们还有很长的路要走。

第四章

究竟现存多少物种?

完全有可能，在地球生物多样性的物种水平上，分类专家们迄今仅发现了20%或者更少的物种。从事生物多样性研究的科学家们正在竞相寻找尽可能多的现存物种。

……它们若不能在消失之前被发现，不仅会被忽视，而且将永远无人知晓了。

——威尔逊（E. O. Wilson）[1]

有多少物种已被命名?

你可以从口袋或包里拿出手机，准确定位出你在地球上的位置，知道距离你最近的咖啡馆有多远，今天一共走了多少步。但是，手机或者其他任何设备都不能告知你，我们地球上到底有多少物种。原因其实很简单，就是我们还不知道准确答案。你可能会得到各种大不相同的估计值——不过这些地球物种数的估计值有一个共同之处，就是它们都相当大。

已经被科学家命名的物种数量，最佳估计值为 230 万。我们再三强调这仅是“估计值”，这是因为我们还不能精确地认定到底有多少物种已被命名。对非分类学的专业人士和其他研究领域的专家而言，听到这种说法可能会觉得很困惑，怎么会不知道哪些物种已经被科学家命名呢？其实，造成这种不明晰的情况的原因有很多。例如，有时是因为不同的科学家相互不了解对方的工作，分别给同一个物种起了不同的名字。可以想象一下，两个分别来自英国和荷兰的 19 世纪的科学家，在从来不知道对方的情况下，都各自到中国的偏远山区采集到了同一个物种的标本，并鉴定为新发现的物种，于是分别在不同的期刊上发表了不同的名称（学名）。从 17 世纪末到 19 世纪初，当时科研成果的交流远不如现在便捷和广泛，这样的问题尤为突出。

还有一些其他原因导致我们不能精确地知道有多少个物种被命名。也许某个分类专家认为，之前被命名的一个物种应该归并到另一个物种下，于是被归并的这个种也就消失了。但是，也许其他分类专家有不同看法，其中一些专家认为，虽然它们的差异不足以被定为两个物种，却会处理成两个变种（variety）；另一些分类专家可能认定，它们的差异已足够大，仍然坚持分为两个独立的种。实际上，物种命名问题——命名法规（nomenclature）的应用——经常难以决断。这可不是一项有趣的研究［就像翻看一个大城市的电话簿（当然现今越来越少用到了），从中查找错误］，而是一件乏味且不受重视的工作，但这对于生物多样性的编目却至关重要。

未知的物种

尽管科学家们已经命名了大约230万个物种，但我们这个星球上还有许多物种仍未被发现，未被描述，也未被命名，因而完全无人知晓。虽然对这些未知物种数量的估计值有很多不同的看法，但这个数值一定非常大，在这一点上大家意见是一致的。通常认为，这个数值在500万～2 000万之间，甚至有些估计高达5 000万或更多[2, 3]。很多科学家，包括我们这个时代最杰出的博物学家威尔逊和彼得·雷文（Peter Raven），都一直在强调，地球上我们不知道的物种要比我们已经知道的物种多得多[4, 5]。例如，考虑一下那些被称为真核生物的有机体——其核DNA会形成特定结构的染色体并存在于细胞核内。真核生物包括我们人类这个物种，代表了除细菌和古菌以外的所有生物［古菌有时也称古细菌（archaebacteria），是类似细菌的有机体，直到20世纪70年代才被卡尔·乌斯（Carl Woese）及其同事发现］。我们可能仅发现了全部真核生物物种的20%，甚至更少。尽管或许约230万种真核生物已被命名，但是全部生物的物种数可能多达1 000万或更多，还有些观点认为仅真核生物可能就多达5 000万种。不仅如此，尽管陆地上的生物多样性比海洋里丰富[6, 7]，我们所了解的真核生物世界大多偏向陆地环境，但是地球表面上86%的现生物种和海洋中91%的物种都尚待描述[8]。至于微生物领域（细菌和古菌），我们已命名的物种数量与实际存在的物种数量之间的知识缺口就更巨大了（见“生活在充满细菌的世界里”一节）。

甚至在生命之树上已命名物种占比较高的区域，实际上我们对那些物种的了解也非常有限。例如，对于大多数已命名物种，我们还没有 DNA 序列数据。科学家们努力采集、鉴定和命名物种已经持续数百年了，但直到最近几十年，我们才有能力使用 DNA 序列数据来确定物种之间的相互关系。DNA 序列信息是关键的底层基础数据，它为生命之树中物种的准确定位提供了最佳手段。然而，鉴于地球上的物种数量如此之多，基础研究的经费又如此之少，而且做这项工作的科学家人力资源也十分有限，迄今为止我们仅获得地球上小部分生命的 DNA 序列数据。也就是说，现在只要投入相对较少的资金（相当于一项重大的生物多样性创举），就能迅速取得重大进展。如果没有 DNA 数据，物种就只能仅凭借名字置于生命之树中一个无法确定的位置上。假如一种栎属的橡树没有序列数据，则只能被归在栎属的框架内，并只能作为一个没有明确近缘种的分支，因为与它最近缘的物种是未知的。

大量已被命名却没有 DNA 数据的物种，有时被称为生命之树的黯淡部分（dark parts）。令人惊讶的是，仅有 17% 的已命名物种拥有哪怕是小片段（snippet）的 DNA 序列数据，因此目前生命之树的大部分相当黯淡。但是，即便这个比例也有误导性，因为某些类群（如脊椎动物）集中了大量的 DNA 数据，已被充分地研究，而其余大部分生命谱系（lineage of life）对我们来说仍知之甚少，其 DNA 数据覆盖率远低于已知物种数量的 17%。对 DNA 数据可用性（availability）的估计也有误导性，因为有时某个物种虽然有 DNA 数据，但由于序列长度非常有限或序列数据质量很差，这样的 DNA 数据在构建生命之树时是没有用的。

隐 存 种

在发现和命名地球上多样的生物时，一个被大大低估的问题是存在大量被称为“隐存种”（cryptic species）的物种[3]。我们所用的“隐存”一词，指向那些由于在外观上与另一个物种非常相似，但还没被科学发现的物种，也就是那些在遗传上最终被确认存在显著分化，而形态上却非常相似的实体[9]。我们倾向于识别和描述在肉眼看来就有明显差异的实体（物种）。如果两个实体在外观上只有非常细微的形态差异，传统上并不认为有必要将其中一个命名成另一个物种，以便区别它们。辨别和认识隐存种的存在，都需要认真仔细地研究。生物学家只有通过详细的研究，才能揭示出这些实体所具有的独特性质——它们由于外观（形态）上的超级相似性，在过去常被简单地归为同一个物种。例如，有些不同的蛙个体虽然外观非常相似，但却各自具有独特的发声方式（vocalization）或鸣声（call），因此相互之间不会杂交。这种差异使它们在遗传上截然不同，因此它们是不同的物种，然而这需要经过大量仔细的研究后才能被发现（见下文）。

实际上隐存种在地球上并不罕见，但我们可能只注意到其中很小一部分。不过，某些生物类群中的隐存种，可能比其他类群中的隐存种更容易被发现[9]。那些研究刺胞动物（Cnidarian，如海葵、珊瑚虫和水母）的科研人员估计，隐存种可能代表了海洋世界生物多样性的一个巨大的且不为人知的方面。现有的数据表明，平均而言，根据外观（形态学）识别并命名的每一种刺胞动物，实际上可能代表了2～5种遗传上不同的物种。同样地，在真菌世界中，隐存种也非常普遍。

尽管我们没有观察到一些实体（如蘑菇和霉菌）间有明显的形态差异，但它们在遗传上却有着很大的不同。

隐存种在植物世界中也普遍存在。植物常常通过一种称为多倍化（polyploidy）或基因组加倍（genome doubling）的过程，产生新奇的能力或新物种。让我们想象一个拥有 14 条染色体的物种，由于一次突变产生了拥有 28 条染色体的后代，而这些后代会立即与亲本产生生殖隔离。植物似乎可以忍受这个过程，而且由于基因组加倍现象广泛发生，甚至促进了植物多样性的蓬勃发展。但是，这些实体往往并不为人知晓，因为即便染色体数量有明显差异的植物，在外观上可能仍然很相似。举例来说，我们研究了有花植物千母草属（*Tolmiea*）的植物[10, 11]，它们是北美洲西部常见的悬吊植物（piggy back plant），其塑料仿制品经常会被餐馆悬挂作装饰。

自被发现并命名（170 多年前）以来，千母草属一直被认为仅由一个物种组成，即千母草（*Tolmiea menziesii*）（图 4.1）。当人们对从美国华盛顿州收集到的一株千母草的染色体进行计数时，发现它有 28 条染色体，而来自加利福尼亚州的另一株千母草却只有 14 条染色体[10]。经过更广泛的调研发现，该植物分布区的南部居群（即植物的种群）有 14 条染色体，而北部居群则有 28 条染色体，而且这两个千母草的“种系”（race）或“细胞型”（cytotype）的地理分布区没有大面积的重叠，即便在它们有接触的地方也没有杂交带（图 4.1）。此外，试图对这两个类型进行杂交的尝试也失败了——显然它们在生殖上也是隔离的。这两个种系千母草的遗传组成不同，具有不同的生态位，在水分利用效率方面也有明显差异[12, 13]。因此，这两个种系的千母草实际上是两个完全不同的隐存种，直到经过仔细研究后才被确认。拥有 14 条

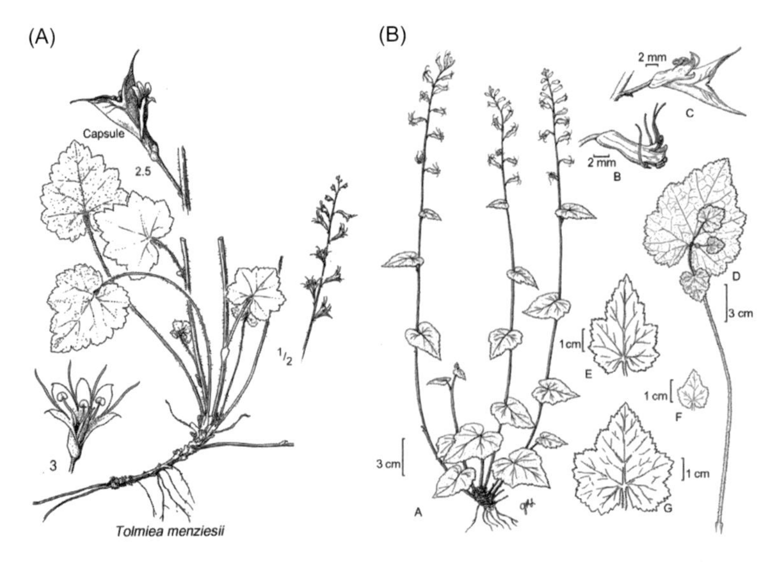

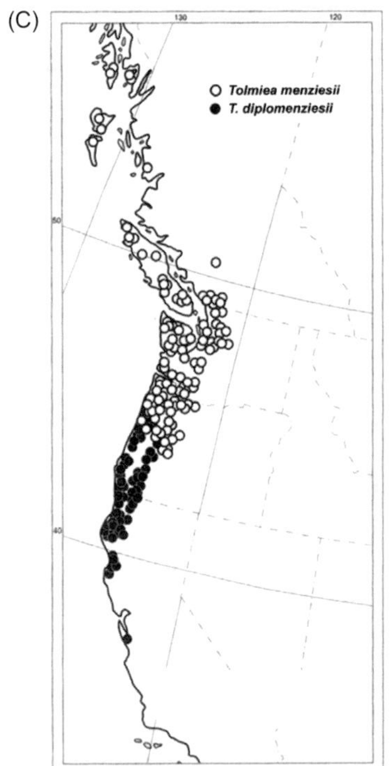

图 4.1　植物隐存种的例子——千母草与二倍千母草

隐存种是外观看起来非常相似但遗传不同的物种，通常生境和分布区迥异。我们目前已经知道，隐存种在整棵生命之树中普遍存在。（A）千母草线条图。（B）二倍千母草线条图。请注意它与千母草很相像。（C）千母草属（*Tolmiea*）两个物种的地理分布：每个种都有不同的范围。它们的染色体数目也不相同（见正文）。图片来源：① 分图（A）引自：Hitchcock C L, Cronquist A. Flora of the Pacific Northwest. Vascular plants of the Pacific Northwest. Part 3. Saxifragaceae to Ericaceae. Seattle: University of Washington Press, 1961；② 分图（B）和分图（C）引自参考文献［12］。

染色体的千母草居群最终被命名为一个新种——二倍千母草（*Tolmiea diplomenziesii*）（图 4.1）[12]。这是关于隐存种的一个很好的例子。

染色体种系（chromosome race）在植物中大量存在，因而还有很多类似千母草那样的隐存种等待发现[10, 14]。通过基因组加倍只是产生隐存种的诸多因素之一，因此许多植物学家相信，35 万种有花植物的估计值是被严重低估了。

蛙类中也有类似的隐存种例子（图 4.2）。雨蛙属（*Hyla*）的两类蛙，拥有几乎完全相同的外观，但发声方式或鸣声以及染色体数目都存在明显差异。这两类蛙并不会杂交，因而被认为是两个不同的物种，分别为可普灰树蛙（*Hyla chrysoscelis*）和变色灰树蛙（*Hyla versicolor*）。目前认为，蛙类中隐存种十分常见，而且大多数不涉及染色体数目的变化（Blackburn D. 未发表资料）。例如，在非洲的爪蟾属（*Xenopus*）中，发现并命名了大量的隐存种[15]，尽管它们外观相似，但遗传、鸣声，以及在某些情况下甚至它们身上的寄生虫都有所不同。

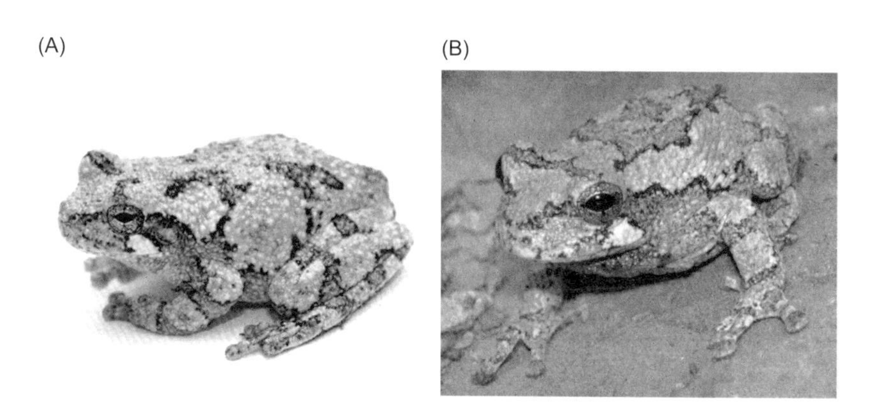

图 4.2　蛙类中的隐存种

虽然这两种蛙外观相似，但求偶鸣声不同，因此保持着生殖隔离。（A）可普灰树蛙。（B）变色灰树蛙。图片均来自维基百科自由共享资源。

隐存种已被证实贯穿整个两栖纲，现在被认为在该类群中具有普遍性。因此，两栖类是谱系数量越来越多的一个典型例子，其中未被命名和未被识别的隐存种是其多样性增加的主要原因。

隐存种往往是通过 DNA 测序分析偶然被发现的。例如，通过测序发现一份来自博物馆馆藏标本的 DNA 序列与被命名为同一物种的其他标本的 DNA 序列有很大不同（另见第五章）。图 4.3 展示了蝶类的一个例子——通过使用 DNA 序列数据，发现了 4 个隐存种[16]。基于 DNA 数据，这些物种的系统发育具有明显区别，但我们用肉眼看上去，它

图 4.3 蝶类隐存种——绿背弄蝶属（*Perichares*）的 4 个隐存种

图中区分雄性（第一和第三列）与雌性（第二和第四列）、背面观（左侧两列）与腹面观（右侧两列）。图 1—4：*P. adela*；图 5—8：*P. poaceaphaga*；图 9—12：*P. geonomaphaga*；图 13—16：*P. prestoeaphaga*。这些种在遗传上都不同，属于不同谱系，但在外观上非常相似。图片引自参考文献［16］的原图 3。

们外观却完全相同。与此相似，其他研究人员也利用DNA测序的方法，发现了更多的蝶类隐存种[17]。现在认为隐存种现象在蝶类中十分常见。

非分类学专业人士通常认为，之所以还有很多现生物种尚未命名，是因为热带地区、深海或世界其他偏远地区存在大量未被取样的生物。虽然这些未被充分取样和难以到达的地方无疑是我们对地球物种多样性缺乏了解的一个重要因素，但在我们眼皮底下就有许多新种以隐存种的形式，躲在我们自认为研究得很透彻的地方。大量隐存种就在我们身边，而目前我们只发现了其中的冰山一角。

生活在充满细菌的世界里

20世纪70年代以来，生物学家已经认识到生命可以划分为三个域（domain），或者说生命的三个主要分支（谱系），即真核生物（如前所述）和两个微生物谱系——细菌和古菌（图4.4）[18]。然而，最近的一项研究重塑了我们对生命系统的认识。这项研究分析了大量的物种样本和DNA数据，发现真核生物（我们所在的谱系）竟然可能起源于古菌谱系内部（图4.5）。事实上，真核生物与一类被称为海姆达尔古菌（Heimdallarchaeota）的古菌（一小群有机体的“大名”）有着密切的关系。因此，这项成果表明，生命应分为细菌和古菌这两个域，而不是三个域，其中真核生物起源于古菌内部[19]。换句话说，我们是古菌的后裔（图4.5）。

到目前为止，地球生命的大多数属于微生物。然而，即使是生物学家也往往对微生物世界海量的多样性并不在意或重视不够。自然

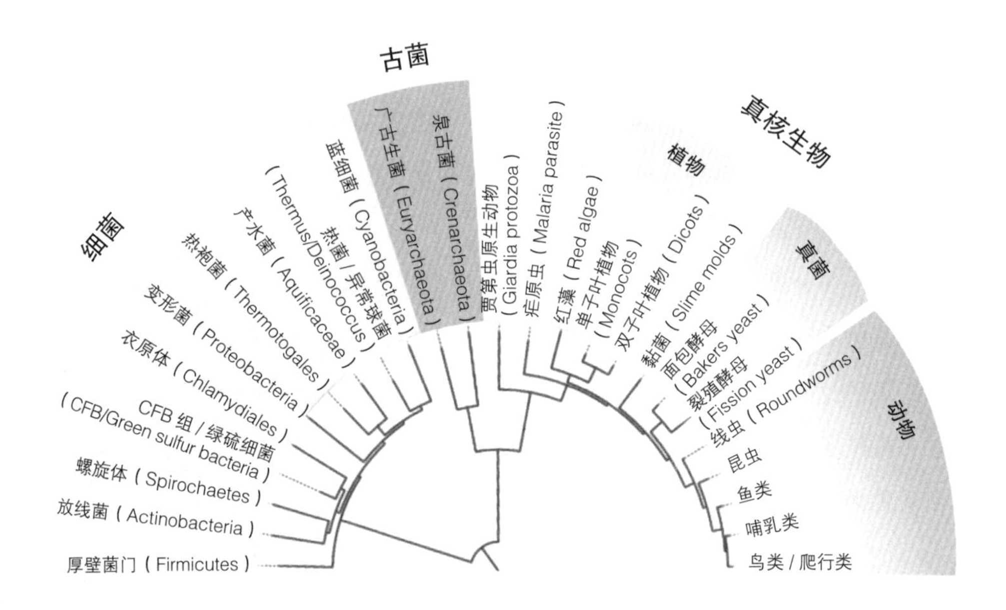

图 4.4　基于核糖体 DNA 序列数据的简化的传统“三界生命”（three Kingdom）生命之树

图中展示了生命的三个主要类群（支系）。CFB 组包括噬细胞菌、梭形杆菌和拟杆菌（Cytophaga、Fusobacterium 和 Bacteroides）。图片来自维基百科自由共享资源。

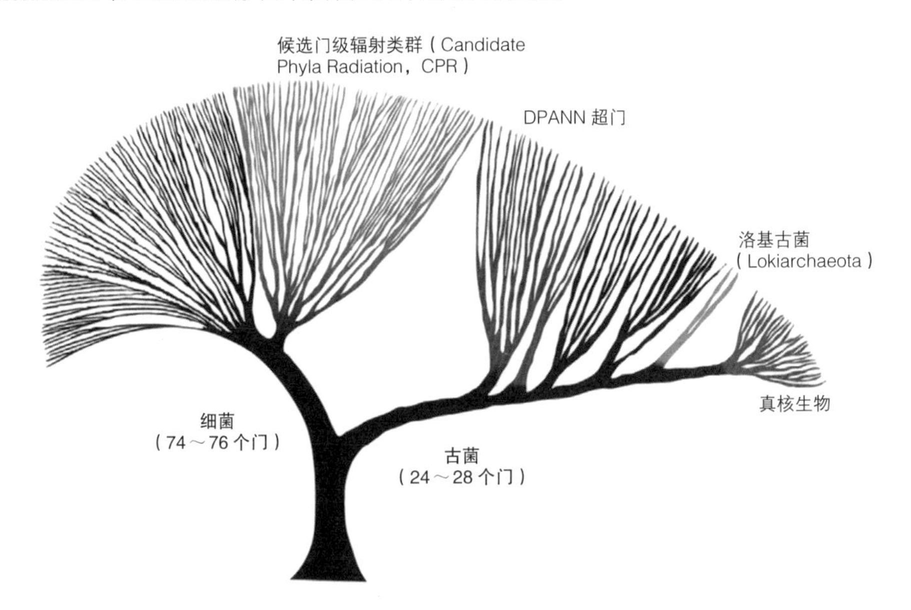

图 4.5　生命之树可能的最新观点——两个主要类群

在这棵树中，真核生物分支（人类所在的谱系）是古菌（Archaea）组的一部分。这就是说，真核生物可能由某个古菌的祖先种衍生而来。图片引自参考文献［19］的原图 1。

界可能存在1亿种甚至更多的古菌和细菌，但只有极小一部分被发现，其中被命名的种类就更少了。事实上，生命之树的微生物部分有个很大的问题：只有很小一部分微生物种类在命名时采用了标准的命名方式。自林奈时期起，科学家就一直采用“拉丁语双名法”（Latin binomial）对真核生物进行命名。“双名”是指每个物种的学名由两部分——属名和种加词（specific epithet）组成。例如，我们现今人类的学名是*Homo sapien*（智人），其中“*Homo*”是属名（人属），“*sapien*”是种加词。大部分的古菌和细菌从来没有依照双名法给予学名，它们通常只有一个菌株（或品系）名称（strain name）或菌株编号（如VPI 6807B、STJ. EPI. H7）。这样的结果就是，科学家在进行生命之树研究时并没有包括这些古菌和细菌，因为他们总是倾向选择有标准“双名”的物种。这种遗漏产生的影响不容小觑。当我们尝试对构建的第一棵综合生命之树（图4.6，彩图4.6）进行简要统计时，就会误以为真核生物的物种数量似乎要远超过古菌和细菌（图中红色部分）。然而，这其实是由于这棵树仅包括了古菌和细菌中相对较少的有规范的双名法学名的种类——它们往往是一些广为人知的细菌，如大肠杆菌（*Escherichia coli*）。

未被发现的微生物新种几乎无处不在。有趣的是，古菌和细菌中的大多数新种是在对环境样本进行DNA测序时发现的。土壤等基质是大量古菌和细菌的生境。在对这样的土壤样本进行测序时，仅通过一条特有的DNA序列就可以鉴定出一个微生物新种，研究者随即会给予新种一个对应的菌株编号。

此外，人体肠道也是大量细菌和古菌的生境[21, 22]，这些微生物也被称为微生物组（microbiome）。单是人体肠道就含有1 000多

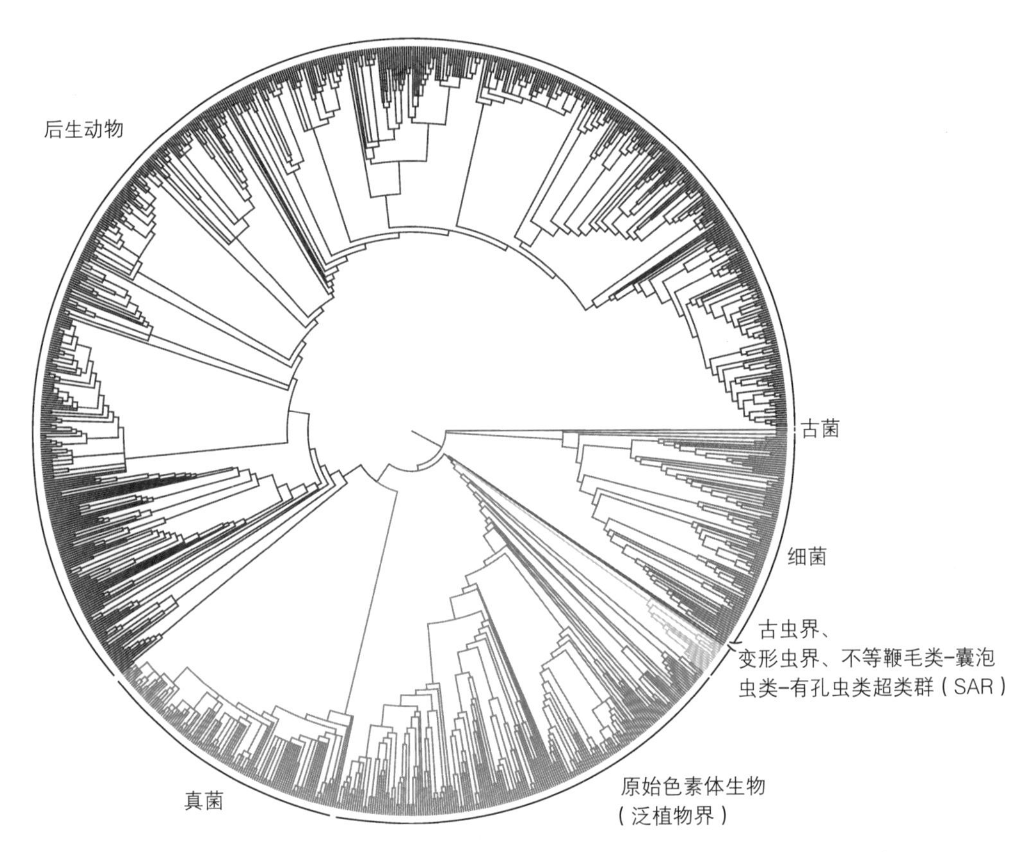

图 4.6　对自然界全部已命名物种所绘制的第一棵生命之树（参见图 3.9）

在此版本的生命之树[20]中，主要的生命类群被标示为不同的颜色（参见彩图 4.6）。细菌（红色）和古菌（深绿色）实际上包含的物种比树中显示的更多。由于这些类群的大多数成员没有正式的学名，因而未能被要有学名的生命之树收录（详见正文）。该系统树的其余部分主要由真核生物的不同谱系组成：① 后生动物（Metazoa，灰绿色）：具有组织分化的多细胞动物；② 真菌（蓝色）：与后生动物亲缘关系最近；③ 原始色素体生物（Archaeplastida，浅绿色）：另一个主要类群，包括传统意义上的“植物”，以及红藻、绿藻和小部分被称为“灰藻”的淡水单细胞藻类。生命之树的余下分支是一些相对较小的生命类群：① SRA（黄色）：包括不等鞭毛类（Stramenopiles，如长短鞭毛体、褐藻）、囊泡虫类（Alveolates）和有孔虫类（Rhizaria）在内的一个支系的首字母缩写；② 古虫界（Excavata，深蓝色）：包括眼虫属（*Euglena*）等自由活动种类，以及一些人类寄生虫——属贾第虫（*Giardia*）等；③ 变形虫界（Amoebozoa，也为深绿色）。图片引自参考文献［20］，并由斯蒂芬·史密斯（Stephen Smith）改绘。

种常见细菌[23]。研究者曾对人体内定植的细菌和古菌做出定量估算，认为人类肠道内的“微生物的总量达到 10^{13}～10^{14} 个，其全部基因至少是人基因组的 100 倍”[24]。他们进一步指出：“人类是超有机体（superorganisms），其新陈代谢是人体和微生物的聚合作用（amalgamation）的结果。”

考虑到所有这些发现，我们认为微生物毫无疑问主宰着我们的世界。著名歌手麦当娜曾有一首著名歌曲唱道：“我们生活在一个物质的世界。”从生物学角度来说，这句歌词是非常正确的——我们显然生活在一个充满细菌的世界里。近期，最吸引人的发现莫过于在地球的任何地方——我们的星球表面和海底最深处——都不断有新的细菌和古菌被发现，而且这些生物甚至渗透进地壳中。

丰富与匮乏——主要生物类群的资源情况

我们对生命之树的认知十分不均衡——对其中几个部分相当了解，但对其中大部分，无论用什么标准来衡量都知之甚少。这一点可以通过数字来说明，但也许更好的方法是提供一些例子，来说明我们对生命之树的理解有多贫乏。

一位著名的鸟类生物学家曾自豪地宣称，在所有的有机体中，鸟类资源丰富，且相关研究很充分，也最为人们所熟知。事实确实如此——鸟类研究一直是科学界关注的热点，并被大量资助。我们对该类群的了解比任何其他类群都要深入。然而，全球鸟类一共才 10 000 种左右，在整棵生命之树里只占极小一部分。尽管每年还会有一些新鸟种发表，且备受关注，但是大多数现存的鸟类都已被发现，而且可用的鸟类 DNA 序列数据也很多。另外，相当数量的鸟类全基因组测序也已经完成，因此这一类群的遗传数据资源极为丰富。

鸟类属于脊椎动物中的四足类（四足总纲），而脊椎动物还包括两栖类、爬行类和哺乳类。基于 DNA 序列标记且包含几乎所有已知的四足类动物的初始关系树已接近完成（详见在线的 VertLife 网站：http://vertlife.org）。四足类中另一个重要类群——哺乳类（至多有 5 500 个物种的小类群）的取样也十分充分。目前，绝大多数哺乳类已被命名，而且大多数哺乳类有一些 DNA 序列数据，其中许多哺乳类还完成了全基因组测序。就像鸟类一样，每年也会有新的哺乳类被发现和命名，而且这些新发现的哺乳类通常会得到公众的广泛关注。但像威尔逊等生物学家提到的其他不太有吸引力的生物，就不会这样受公众关注了。爬行类和两栖类虽然不像哺乳类和鸟类那样被研究得透彻，不过一般来说还是比较广为人知的。就爬行类和两栖类而言，一半以上的已知物种都有 DNA 序列数据，而且还有更多的新种被发现和描述。

对于余下的生物，也就是目前现存的绝大多数物种，我们的认识程度都不够。甚至在脊椎动物中，也有像鱼类这样我们了解甚少的类群。现今已被命名的鱼类多达 35 000 种，但仍可能有超过 10 000 种鱼类尚未被命名。就鱼类中占比最高的辐鳍鱼（ray-finned fish）而言，只有约 1/3 物种有 DNA 序列数据[25]。目前，已有几种鱼完成了全基因组测序，因而这一类群也有一定的遗传数据资源。

还有许多物种尚无科学描述，而且大多数已命名物种没有任何 DNA 数据，故其遗传数据资源接近于零。比如，海绵动物虽然比大多数无脊椎动物更为人所知，但相关的研究依然很少。在海绵动物中，目前已经描述的约 9 000 种，可能还有 3 000～6 000 个未知的物种存在[26]。其中，仅约 9% 的海绵动物有一些 DNA 数据，并被用于系统发育树的构建［资料来自与撒克（R. Thacker）的个人通信］。同样，目前已知的海洋软体动物约 46 000 种（包括蛤蚌、牡蛎、扇贝、贻贝、鱿鱼和章鱼），但实际的海洋软体动物估计高达 15 万～20 万种[27]。

我们的同行生物学家通常认为，绿色植物［包括绿藻、藓类、地钱、蕨类和种子植物（裸子植物和被子植物）］是研究得比较充分的类群。绿色植物提供了一个很好的例子，说明即使是科学家，有时也会误认为我们知道的比实际情况多得多。绿色植物可能包括约 50 万个物种，并经历了约 10 亿年的进化。它们是陆地生态系统和许多水生生态系统（包括淡水生态系统和大部分海洋生态系统）的主要驱动力，同时具有极其巨大的经济价值。然而，无论从哪个角度来看，绿色植物的采样覆盖率都很低，对其序列数据的了解也很有限。也许其中唯一取样较为完整的是裸子植物（针叶树及其近缘类群），因为它们的种数规模本来就很小（约 1 000 种）。有些人认为我们对有花植物（即被子植物）的研究已经很充分了，但事实并非如此——很可能自然界中约 15% 的有花植物尚未被发现。我们对绿色植物的 DNA 取样明显不足，其中对绿藻的 DNA 取样率不到 30%，而对有花植物这一庞大的类群（约 35 万～40 万种）的 DNA 取样率也仅有 30% 左右。

真菌、昆虫和微生物（细菌和古菌）是生命之树中庞大但了解甚少的几个部分。对于真菌（蘑菇和霉菌）来说，已命名物种约 13.5 万个，但可能有 150 万～500 万个物种未被描述[28]，所以也许我们仅认识了真菌多样性的 2%～10%。就像上文提到的微生物一样，每年科学家都会从环境样本中发现许多真菌新种。仅一小份土壤或腐烂的木材样品，经过 DNA 测序后就可以鉴定出很多未知或从未测序过的真菌新种。正如细菌和古菌那样，大量的真菌物种将继续以这种方式被发现。

继植物、动物和真菌之后，我们要考虑的是原生生物。原生生物的大部分是单细胞的真核生物，可能比真菌更难认识[29]。目前，已描述的原生生物约 1.4 万种，但其真实的物种数量要比这一数据高出很多，或许能达到 160 万种[30]，而且这一类群的 DNA 数据覆盖率仍然非常低。与真菌一样，环境样本取样也正在揭示更丰富的原生生物多样性[29]。

六足类（hexapods）是节肢动物（Arthropods）中最大的类群，涵盖昆虫和 3 个小一些的无翅生物类群，它们都曾被认为是昆虫。六足类是很大的类群，包含约 100 万个已命名物种，但其实际的种数可能远大于此，其中昆虫可能就有 260 万～780 万种，而仅仅是昆虫中的甲虫或许就有 90 万～210 万种[31]。此外，我们对已被命名的六足类物种的 DNA 取样有限——只有 20 万种（约 20%）有可用的 DNA 数据。因此，与生命之树里其他模糊不清的生命谱系一样，许多六足类生物的关系树仍需深入研究。然而，六足类生命之树有许多亮点，因其魅力对人们具有显著影响力。在这方面，蝴蝶就代表了一个众所周知的热门研究领域，这在众多昆虫中是个例外。在多达 18 000 种的蝴蝶中，60% 以上的物种有 DNA 序列数据。

如前所述，生命之树中细菌和古菌的部分如此庞大，以致这些类群仍然可能是我们了解最少的部分。

完成整棵生命之树面临的挑战

科学家每年发现新种的数量相当稳定，在 1.4 万种左右。虽然这看起来数量不少，但即使以这样的速度，可能仍需 900 年甚至更长的时间才能完成地球上所有生命的命名。对这一点，许多博物学家都表示认同[1]。有一些类群的物种可能比其他类群被发现得更快。例如，虽然每年新描述的软体动物种数正在稳步增加，但按照目前的速度，估计需要 300 年的时间才能完成预计多达 15 万种海洋软体动物的命名工作（G. Paulay，个人通信）。

在公众和许多科学家中一个经常出现的误解是，一个新种在野外被发现后很快就能被命名。但是，事实远非如此。有研究者[32]对筛选出的真核生物的多个谱系（脊椎动物、节肢动物、其他无脊椎动物、植物、真菌和原生动物）中具有代表性且新描述的物种进行调查，结果表明，这些物种从野外收集第一批标本到正式描述，平均需要 21 年。许多新种在被正式描述和命名前，已在博物馆里待了几十年，这反映了生物多样性科学经费和人员严重不足的事实[33]。目前没有足够多的分类专家从事物种命名工作，并且这类人才的数量正急剧下降。举个例子，《华尔街日报》（*Wall Street Journal*）最近指出“美国的植物学家稀缺”的严峻事实，并强调这一现状将要面临的负面后果（见 www.wsj.com/articles/rhododendron-hydrangea-america-doesnt-know-anymore-1534259849）。

据估计，完成我们这个星球上剩余物种的命名需要 900 多年的时间，但这还没有考虑到物种灭绝的速度正在加快（见第六章）。这虽然是命运的讽刺性转折，却使这项命名任务变得更加容易。比如两栖类，尽管每年有许多新种被发现，但整个类群的种数正在迅速减少[34]。无论是那些已被命名但不甚了解的物种，还是那些从未被科学发现的物种，一旦发生灭绝，都将永远不为人类所知了。

生物多样性面临如此严峻的挑战，那我们的解决方案是什么呢？通过适度增加对现有样本 DNA 测序的投资，就可以迅速填补生命之树

图 4.7 植物标本馆中的一份腊叶馆藏标本

该标本来自佛罗里达自然博物馆所属的佛罗里达大学植物标本馆（University of Florida Herbarium，FLAS，230552）。图片由卡特勒恩·M. 戴维斯（Kathleen M. Davis）提供，对其使用获得了佛罗里达大学植物标本馆授权。

中大部分未知的内容。例如，对现存的陆地植物而言，许多物种多样性可以通过在室内干燥和压制的腊叶标本（图 4.7）来代表，而这样的植物腊叶馆藏标本（herbarium specimen）在全球范围内的植物标本馆（建筑物和收藏品）中数以千万计。基于现代分子技术手段，我们可以从植物的干燥样品中获取 DNA 序列。这种方法的最好纪录是对保存时间超过 200 年的陈旧标本依然有效。在适度的资助下，生命之树的植物部分能迅速完善。许多昆虫标本藏品也可用同样的方式获得 DNA。仅从一只昆虫的一条腿上提取的 DNA，就可帮助确定那种昆虫在生命之树上的位置。

遗憾的是，这种 DNA 提取方法并不适用于许多鱼类、两栖类和无脊椎动物标本，因为这类标本在收集和保存过程中要用酒精浸泡，而酒精会降解 DNA，导致样品基本上无法应用于研究。因此，为了完善生命之树的大部分，就要提升我们对未知和未测序物种的认识，也就是加大标本采集的投入力度。

应对生物多样性危机的另一个重要解决方案是让更多公众参与其中，也就是发展公民科学（citizen science）。随着来自学术组织的支持力度不断减少，以及国家资助机构的资金越来越少，未来对世界物种多样性的清查编目将取决于公民科学家的广泛参与。这种伙伴关系不仅对拯救生物多样性至关重要，而且将受到分类专家的欢迎和支持。

第五章

生命之树的价值

在生命世界中，若无进化视角的光辉，一切都将毫无意义。

——杜比赞斯基（T. Dobzhansky），1973 年[1]

对于这个富有洞察力的短语，众多研究生物多样性的生物学家补充了一个推论：在生物学中，有了系统发育的视角，一切都变得更有意义。

随着生命之树部分类群（如脊椎动物、蝴蝶）得到了更好的解决，加上最近出版了涵盖所有已命名物种的第一棵生命之树的草图（见第三章），科学界和公众越来越认识到生命之树的价值。携带着古代生物进化史的强大启示，生命之树提供了阐释生物进化的模式和过程的途径，以及预测生命应对快速变化的环境的能力。广泛的物种关系知识至关重要，它为药物的发现、疾病的防治和作物的改良提供了重要的新信息。这些信息对基因组学、进化和发育等领域都产生了重大影响，同时为研究物种适应性、物种形成、群落构建和生态系统功能发挥都提供了新见解。鉴于这些有益的用途，很难用几句话概括生命之树对生物学和人类福祉的应用潜力和巨大影响。

熟知系统发育关系和生命之树的好处与清楚地了解我们自己的家谱一样很重要，如出一辙——了解相互关系的知识很重要。我们所有人都对自己的家谱有着浓厚的兴趣，总想知道，谁是我的祖先？我与别人有什么关系？此外，我们都清楚地知道，如果一个近亲患有某种遗传病，比如某种癌症，那么我们很可能也遗传了该疾病的基因（图 5.1）。

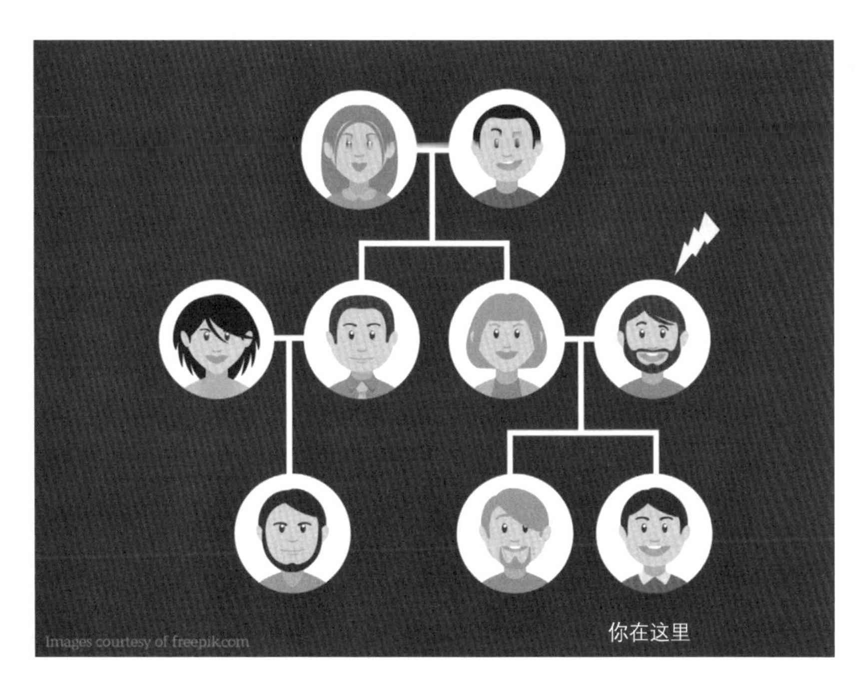

图 5.1　人类家谱显示相互关系对于个人来说很重要

我们都意识到，如果某个亲戚或祖先患有遗传病（以闪电标记），那么我们很有可能也从遗传上继承了这种病症。图片来自维基百科自由共享资源。

很像理解我们家谱的逻辑，生命之树同样具有信息和预测价值。我们可以用生命之树来了解、发现和解决那些影响我们自身物种生存所面临的重大问题。例如，密切相关的有机体可能会产生对人类具有药用价值的相似化合物，作物的近亲是寻找作物抗病和抗旱基因的最佳来源，密切相关的疾病菌株（如流感）对相似的疫苗可能会引发类似的免疫反应。而且，利用近缘种对温度上升或干旱胁迫加剧可能会做出的相似反应，生命之树甚至可以用来预测有机体将如何应对未来快速变化的气候。所有这些例子，以及基于关系的预测能力，都依赖对生命之树的深刻理解。

解读生命之树巨大潜力的另一种方式是，它所代表的生物多样性等价于人类基因组计划。当人类基因组计划刚启动时，人们对其实际价值和是否值得付出如此巨大的代价都存在相当大的争议。对于怀疑论者来说，人类基因组计划是一项代价高昂、耗时且基础性的研究项目，还没有什么实用产出。尽管当时完成第一个人类基因组计划的成本高达 27 亿美元，耗时超过 10 年[2]，但现在看来，人类基因组计划是现代科学的重大成就之一。人类基因组序列有助于发现大量基因的功能和许多疾病的遗传基础，这大大颠覆了医学研究。它还影响了人类群体遗传学的研究，揭示了人类历史上的迁徙模式。此外，人类基因组计划还在 DNA 测序技术方面取得了进步，使测序变得如此寻常，以至能以低于 100 美元的价格获得个人的基因组序列。随着测序成本的降低，个人基因组序列将很快成为每个人医疗记录的基本组成部分。事实上，不仅中国正设想对地球上每个人的基因组进行测序，而且科学家们已经设定了对 1 万种植物（10KP 计划，www.sciencemag.org/news/2017/07/plant-scientists-plan-massive-effort-sequence-10000-

genomes）、1 万种脊椎动物（G10K 计划，https://genome10k.soe.ucsc.edu/），甚至对所有生命进行测序的宏大目标（地球生物基因组计划，www.earthbiogenome.org/）。

正如完整的人类基因组测序提供了大量且在很大程度上出乎意料的生物学新发现一样，重建完整的生命之树已经推动，并将继续推动基础研究和实用工具的开发（无论是疾病防治、作物改良还是新药发现），以维持生物多样性和提高人类生活质量。从这个广义上来说，生物多样性对人类福祉的诸多方面都具有至关重要的价值[3-5]。

医　药

生命之树对药物发现的重要性有非常多的例子。事实上，我们的大多数药物最初源自植物中的化学物质——人类并没有发明这些化学物质，而是大自然创造的。自然界中的物种已经进化出了许多具有不同用途和作用的化学物质，其功能从防御敌害到捕食应有尽有。那些同样的化学物质，对我们人类自身也可能有重要价值。在这些有用的化合物中，许多是由那些极富好奇心并善于观察的生物学家在基础研究中偶然发现的，或者是在传统医药中具有悠久的使用历史。一方面，这表明保护好生命之树非常重要，因为构成生命之树的物种中有许多隐藏的且尚未开发的医学价值；另一方面，已知物种中许多对人类具有直接医学价值的化合物还有待发现。

植物、真菌和动物的药用已经数千年了。实际上，现代研究也需要对传统药用植物进行详细研究[6, 7]。然而，随着物种的灭绝，其具有的潜在价值也将永远消失。因此，即便仅仅从功利角度考虑，保护构成生命之树的物种就非常重要。想象一下，一个具有治愈某种疾病能力的物种灭绝了，而它原本可以挽救你的生命，或者你的朋友、亲戚或孩子的生命。但在这些医用价值被发现之前，这个物种已经灭绝了。再想象一下，在人类世中，已经有多少潜在的药物因为物种的灭绝而消失了，随后还会有多少潜在的药物将很快消失呢？如果到 21 世纪末，就像预测的那样，一半的植物物种（药物的主要来源）灭绝了（见第六章），试想一下，单单是人类在医疗方面的损失就会有不可估量的影响。

如上所述，新药往往具有意想不到的来源。这些都是自然史上有趣的故事，也是保护生物多样性的重要意义所在。请看下面提供的案例，然后设想一下，如果这些生物在其药用潜力被发掘之前就灭绝了，将会发生什么。

每年都会有数以百计的新药用化合物被发现[8]，其中一些出乎意料的优秀新药案例的来源可追溯到瓶状叶植物（pitcher plant）猪笼草属（*Nepenthes*）（图 5.2A）[9]和瓶子草属（*Sarracenia*）（图 5.2B）[10]。瓶状叶植物是肉食性的植物已广为人知，它们可以诱捕昆虫和其他猎物，并消化猎物作为氮源之一。猎物会掉入变态叶——瓶状叶（pitcher）中，叶内的液体池含有消化酶（图 5.2B）。基础研究表明，这些植物的瓶状叶内还进化出了抗真菌的化合物——可以溶解真菌细胞壁的特殊的酶。通过产生这些酶，这些植物能够抑制真菌生长，因而困在瓶状叶中的猎物资源就不会被真菌消耗掉[9]。值得注意的是，这些酶可以作为抗真菌新药，在治疗人体感染方面显示出了巨大的前景。实际上来自猪笼草的药物已有不少，被用于治疗坐骨神经痛、单纯性疱疹病毒症[11]、糖尿病[12]和肿瘤等疾病。

图 5.2　开发出重要新药的三种代表性动植物

（A）某种猪笼草属植物。这是一种瓶状叶植物，也是科学家最近确定的具抗真菌特性和药用价值的植物。（B）某种瓶子草属植物。这是另一种瓶状叶植物，还是分图（A）中猪笼草的远亲，也是具有药用价值的化合物沙拉平（Sarapin）的来源。本种的近缘种均能产生类似的活性物质。（C）僧袍芋螺（*Conus magus*）。这是一种锥形的螺类。现已发现，僧袍芋螺产生并用于麻痹和捕获猎物的神经毒素，是人类医学中用作止痛的优良药物。图片均来自维基百科自由共享资源。

这些猪笼草属植物中的化学成分，直到最近才在另一组瓶状叶植物——瓶子草属及其近缘属中得到详细研究。最近对瓶子草科（Sarraceniaceae）多个属的大量瓶状叶植物进行了深入调查，结果不仅揭示了诸多物种详细的化学成分，还表明这些化学成分与属和种的系统发育关系高度相关——显示出这种关系的确具有预测性[13]。该研究是一个典型案例，表明系统发育树如何越来越多地应用于植物和药用成分的基础研究。

另一个精彩的例子是海洋中的芋螺，它展现了超乎预料的新药价值，充分证明了基础研究的重要性。谁会想到有毒的僧袍芋螺（图 5.2C）的毒液会成为一种新药呢[14，15]？一位年轻的科学家奥利韦拉（B. Olivera）对这些生物具有能产生麻痹和杀死猎物的剧毒的能力感到着迷。他对这些毒液中的有毒化合物进行了多年研究，发现了齐考诺肽（ziconotide）。这是一种镇痛效果比吗啡还要强的药物，而且不会成瘾，现在被用作治疗与癌症和艾滋病相关的慢性疼痛。

在其他海洋生物中，也有药用化合物发现的类似案例。例如，一种与草苔虫属（*Bugula*）的苔藓动物密切相关的细菌，能分泌一种物质覆盖在苔藓动物的幼虫上，使它们不再受捕食者青睐[8]。该物质是潜在的治疗阿尔茨海默病和癌症药物的来源[16，17]。与很多新发现的对人类有益的化合物一样，该物质也是在基础性研究中被发现的，并由此驱动了后续研究，而这是海洋生物潜在有益化合物调查项目的一部分（https://pubs.acs.org/cen/coverstory/89/8943cover.html）。利用生命之树去仔细检测这种苔藓动物的近缘种（或进一步检测那种细菌的近缘种），是寻找其他类似有效药物的可行之法。

由于近缘种通常能产生类似的化合物，所以生命之树可成为新药发现的路线图。已经有许多这样的成功案例，最典型的案例来自北美洲西部太平洋紫衫（*Taxus brevifolia*）（图 5.3A）。药物紫杉醇（PTX0，商品名为 Taxol）最初来源于松树的一个近缘种，它现在已用于治疗多种类型的癌症[18]。在 1967—1993 年间，几乎所有的紫杉醇都来自太平洋紫杉的树皮。但是由于太平洋紫杉并不常见，且获得树皮的过程也就是杀死树木的破坏性过程，仅靠该物种作为该药物的长期来源显然有问题，所以需要紫杉醇的其他来源。想要找到太平洋紫杉产生的类似的化学物质，去哪里寻呢？最好的办法就是利用生命之树，将重

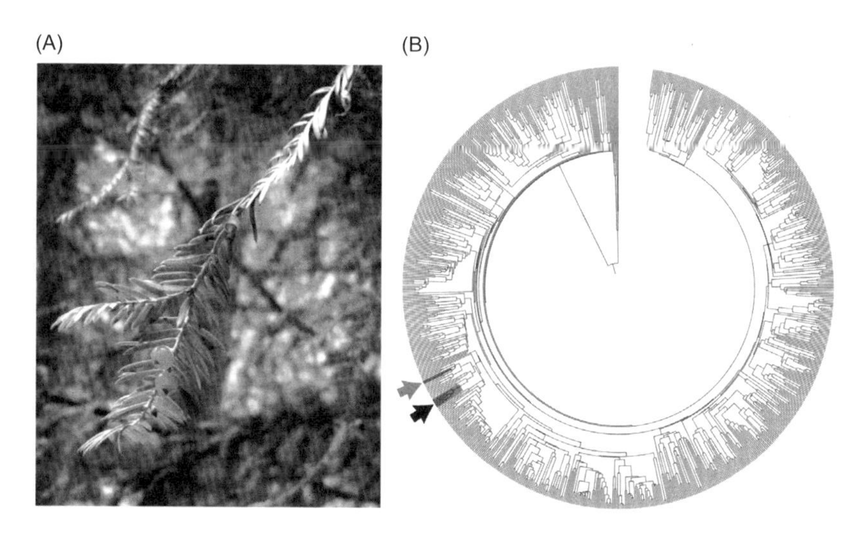

图 5.3　太平洋紫衫和植物系统发育圆形生命树

（A）太平洋紫衫是癌症治疗药物紫杉醇的原始来源，然而它十分稀少。根据相关关系树，一个来自欧洲的太平洋紫衫的近缘种（常见物种）成了紫杉醇的商业来源，用于最终合成并生产紫杉醇。图片来自维基百科自由共享资源。（B）对人类可能有用的药用化合物，通常集中于植物生命之树上的近缘种——这些植物成为“药用热点”。在有花植物关系的圆形树图上，显示了两个这样的热点类群（深灰色和黑色箭头处）。图片引自参考文献［19］，并且它来源于 Dryad 数据库，无使用限制。此处对该树图略作修改，以显示茄科（Solanaceae）和夹竹桃科（Apocynaceae，又称马利筋科）含有有用的化学成分。

点放在其近缘种身上，而不是在全部35万种种子植物中随机检测——实际上，就是用了这种方法。一个更常见的太平洋紫衫的近缘种——欧洲红豆杉（*T. baccata*）被选中，随后通过深入的医学研究，最终成功提取药用紫杉醇。

我们知道生命之树上有很多类似的热点类群，其中的近缘种能产生相似的药理活性物质。它们是体现系统发育关系重要性的极佳案例。比如，有花植物中的茄科和夹竹桃科（图5.3B中深灰色和黑色箭头处）的共同特征是可以产生具有防御功能（抗食草动物）的生物碱。在茄科（也被称为马铃薯科或番茄科）的90个属的植物中，约有20个属各自至少拥有一至多种具药用特性的植物。茄科有很多著名的药用植物，包括茄属（*Solanum*）、颠茄属（*Atropa*）、辣椒属（*Capsicum*）、曼陀罗属（*Datura*）、烟草属（*Nicotiana*）、茄参属（*Mandragora*）的植物。茄科仍然存在许多药用潜力，因为很多物种和属还需更详细的化学表征[20]。

就像茄科植物一样，有花植物中的夹竹桃科的大量物种含有化学活性物质。夹竹桃科植物有个常见名称“罗布麻”（dogbane，俗称狗毒草），指的是该科植物对狗有毒。实际上，夹竹桃科中很多物种是有毒的，并且大多具有药用价值[21]。夹竹桃科是研究化学药物成分的热点科，例如含有用于治疗心脏病的强心苷类的箭毒木属（*Acokanthera*）、罗布麻属（*Apocynum*）、海杧果属（*Cerbera*）、夹竹桃属（*Nerium*）、黄花夹竹桃属（*Thevetia*）和羊角拗属（*Strophanthus*）。该科的长春花属（*Catharanthus*）还含有治疗癌症的活性生物碱，萝芙木属（*Rauvolfia*）产生缓解高血压的生物碱，而夜灵木属（*Tabernanthe*）或许具有潜在有益于精神治疗的生物碱。

尽管在茄科和夹竹桃科植物中已经发现大量化学活性物质，但很可能还有更多的药用价值尚待发现。比如，茄科和夹竹桃科植物在传统医学中的应用价值仍被严重低估且研究匮乏，大多数其他科的植物也是如此。最近，在孟加拉国的拉杰沙希（Rajshahi）地区，夹竹桃科的12个属中的14种植物被确定具有地方传统医药用途[22]。

就药用成分和其他对人类有益的价值而言，真菌是生命之树上未充分开发的大分支之一。某些真菌已经成为对人类健康有益的重要药用化合物（例如抗生素）的主要原材料，为人类健康相关的新化合物发掘提供了巨大契机[23]。坦（G. Tan）等学者曾指出[24]："生物多样性和基因组学并非相互排斥，而应成为21世纪药物开发的驱动力。"我们认为，关系树的应用是医学新发现的重要组成部分。

我们可以把生命之树上的热点区域（hotspot area）或药用价值已知的植物的近缘种作为搜寻化学物质的目标，而不是像传统方法那样随机调查数千种绿色植物（地球约有50万种绿色植物）或真菌（超过12万多个物种已命名，但地球上的真菌可能超过500万种）。这种对已知的热点区域进行集中研究，再加上对生命之树上已知含有药用化合物之外的区域——暗淡区域（dark area）——进行迅速评估，可能才是发现药用物质的最佳途径[23,25]。

然而，对我们人类而言，生命之树的实际价值远不止提供药品类的化学物质。举例来说，蜘蛛丝异常坚固，从制作轻便的鞋子到强力的支撑结构都非常有用。为了满足人们这类需求，它一直是人们感兴趣的研究重点。最近科学家试图将蜘蛛丝结构的基础知识与分子遗传学方法结合，有望在细菌中产生出蜘蛛丝化合物[26,27]。

疾　病

如今物种间的关系树已经成为抗击疾病第一道防线的不可或缺的部分。例如，当检测到新的流感病毒株时，研究人员第一步要做的便是对该病毒的DNA进行测序，然后使用系统发育方法，将该病毒株的基因序列与其他已知病毒的基因序列进行比对——这样就更好地了解该病毒株的系统发育关系，能快速理解该病毒的属性（参见下面的具体实例）。在该毒株已知的近缘毒株中，有些已经被成功地研制出了疫苗，这些系统发育关系信息就能够显著加速新疫苗开发。

当病原体从其他物种转移到我们人类时，就会形成新的病原体。针对新病原体开发疫苗要面临一个特殊的问题，就是新病原体的来源并不总是很清楚。通过对这些病原体进行测序，并使用系统发育方法（建树）将病原体置于生命之树上，就可以帮助找到其最可能的原始宿主物种。严重急性呼吸综合征（SARS）是在追踪病毒在人类中传染的起源时使用系统发育方法的最经典案例之一。2002年11月，SARS首次在人类中被发现，并且最终传播到30个国家，感染了成千上万人。SARS导致数百人死亡，引起全球性的健康恐慌。很明显，该病毒来源于一种动物，后来转移到人类身上，但最初并不知道导致人类SARS的病毒来源于哪种动物。最后，从多种动物身上提取了该病毒DNA测序，而系统发育分析结果表明，人类SARS病毒的起源最终追溯到了果子狸和蝙蝠（图5.4，彩图5.4；http://evolution.berkeley.edu/evolibrary/news/060 101_batsars）[28，29]。

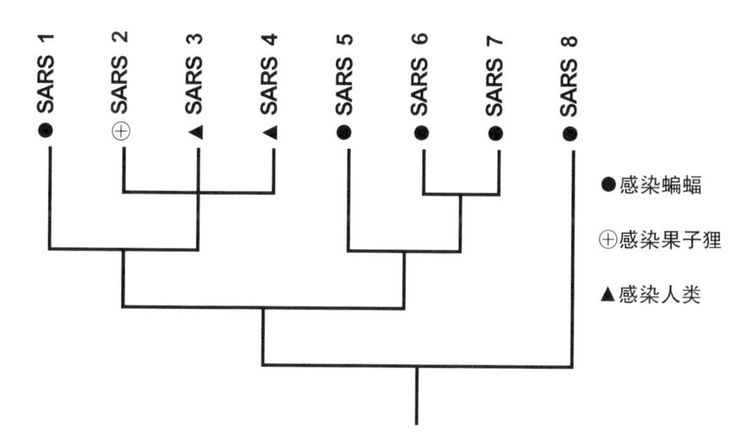

图 5.4　用系统发育关系确定人类 SARS 毒株的起源

基于这个简化的系统树图（参见彩图 5.4），人类 SARS 病毒最近缘的毒株可追溯到另外 2 种哺乳类——果子狸和蝙蝠身上。此树图基于参考文献［28］重绘。

我们再举一个系统发育的建树在疾病研究中发挥重要作用的经典案例。1990 年，一名无任何实际罹患风险的女子却感染上了人类免疫缺陷病毒（HIV，俗称艾滋病病毒）。这个例子是使用系统发育知识解决实际问题的另一部“侦探小说”。由于 HIV 进化很迅速，患者的 HIV 通常只会与其原始来源或人类供体相匹配。有关部门通过使用病毒 DNA 序列数据和系统发育方法，发现该女子是从她的牙医那里感染了 HIV，因为该牙医为 HIV 阳性。事实上，在系统发育树上还清楚地看到，其他几位患者也从那位牙医那里感染了 HIV（图 5.5），因而此案终于水落石出[30]。

流感是一类能够快速进化的病毒，而系统发育分析和生命之树也可用于对抗流感暴发。由于人们对流感病毒的不同毒株已经收集、储存并研究了很多年，可以用其 DNA 序列代表已知毒株。当新流感病毒出现时，就需要立即对它进行测序，然后将其序列添加到流感病

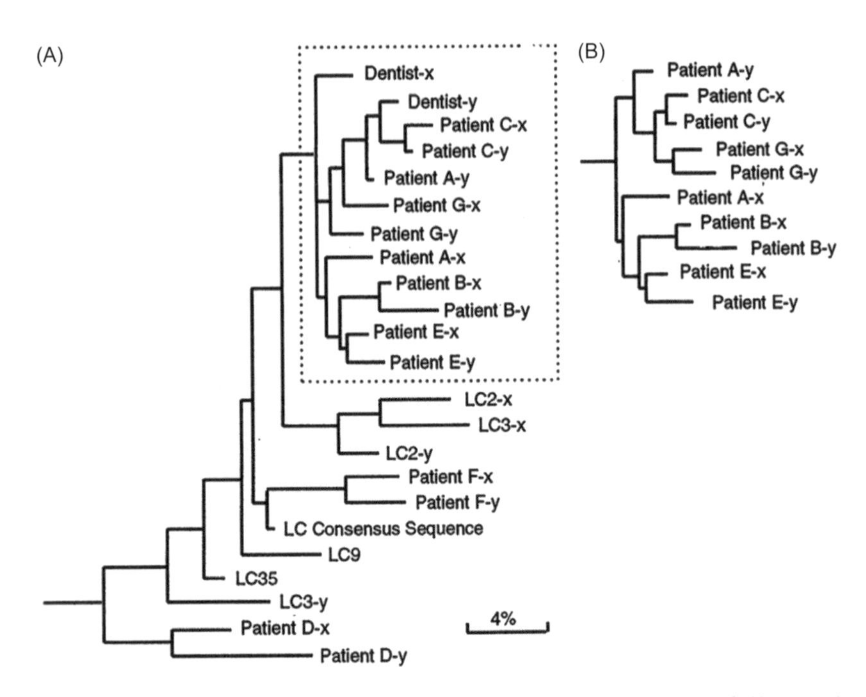

图 5.5　用 DNA 序列数据和系统发育树追踪出牙科诊所中 HIV 病毒从牙医到其患者的传播

这是在刑侦工作中使用这种关系树的例子——用于评估牙医是否将 HIV 传染给病人。该系统发育树表明，牙医（图中 Dentist）确实将 HIV 传染给了几位病人（图中的 Patient）[①]。图片基于参考文献［30］中的原图 1 重绘。

毒的系统发育树上。实际上，只要通过系统发育分析，就可以预测第二年可能出现的主要流感病毒毒株。这种系统发育分析过程可对新流感疫苗开发提供关键信息，帮助尽快设计下一年的新疫苗（图 5.6）（www.cdc.gov/flu/professionals/laboratory/genetic-characterization.htm）[31-33]。

① 原文解释如此。——译者注

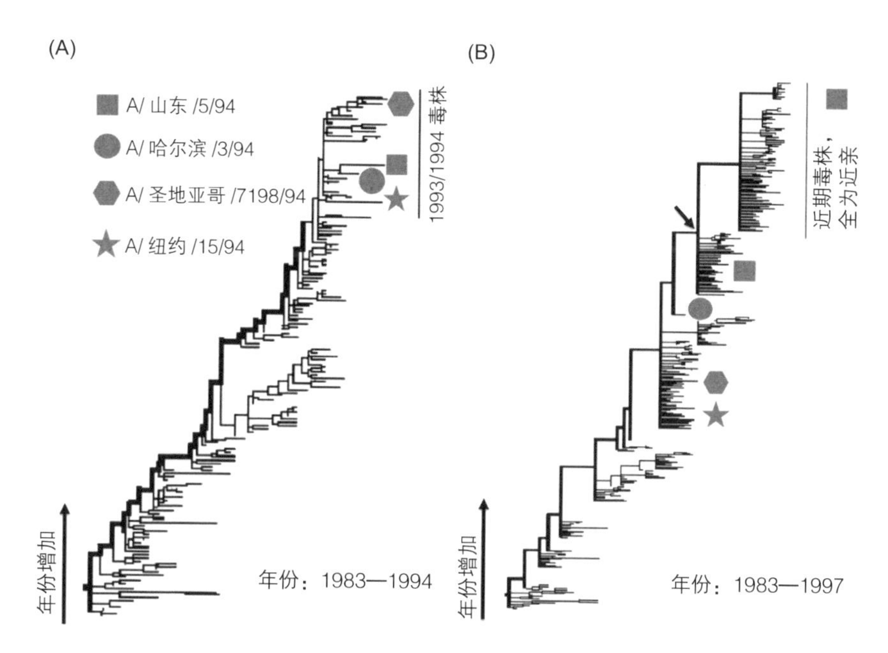

图 5.6　用系统发育树预测人类流感的进化

有学者研究了人的流感病毒一个功能区域（H3 血凝素基因中的 HA1 片段）的进化[32]。通过构建系统发育树，他们发现一个优势谱系随着时间的推移而持续存在。图中左上角的 4 种符号分别表示近期的几个主要毒株。分图（A）中的关系树显示了 HA1 片段从 1983 年至 1994 年的分化。分图（B）部分包含了在 1983—1997 年间分离的毒株。在分图（B）中，该论文的作者把很多缺乏有力支持的分支进行了塌缩处理。需要注意的是，毒株 A/ 山东 /5/94（用深灰色方块符号表示）是分图（B）的关系树上箭头所示节点的后裔，而该毒株在分图（A）的关系树的最高节点处。该毒株在分图（B）的关系树上进一步形成了主干，比任何来自 1A 的其他分离的毒株更多——它也是与未来谱系（由垂直线表示）最近缘的分离的毒株。因此，关系树可用于预测病毒的未来进化。该论文还发现过去有 18 个密码子经历了选择，其编码的氨基酸出现了改变的证据。本图基于参考文献［31，32］重绘并修改。

生物多样性保护

系统发育树中独特的物种

生命之树在生物多样性保护中也有诸多应用。系统发育关系是生物多样性保护中的有效工具，对其重要性已有很好的综述，还出版了一些专门讨论该主题的书[34]。由于生命之树在保护工作中的大量潜在应用，本书只能提及部分话题。

在生物多样性保护中，使用系统发育关系最直接的例子是加强对单个物种的保护，例如对白翅地唐纳雀（*Xenoligea montana*）的保护。白翅地唐纳雀长期以来被认为是莺类中的一种……然而，使用 DNA 数据和生命之树却发现，它并不是真正的莺类（图 5.7）[35]。在鸟类的系统发育关系中，白翅地唐纳雀自成一个分支，位于真正的莺类支系之外。基于这些数据，这种鸟随后被划分到独立的科中。由于这种独特的鸟如今仅存在于伊斯帕尼奥拉岛（Hispaniola）上，值得加强保护（图 5.7）。

在植物相关类群中也有类似的例子——无油樟（*Amborella trichopoda*）。这是一种不久前还鲜为人知的有花植物，甚至直到现在它都没有一个通用的英文名称。无油樟是一种灌木或小树，可能全世界一共只存留了 12 个种群，分布仅限于新喀里多尼亚岛，距离澳大利亚东海岸有 1 000 多千米远[36－38]。直到几十年前，无油樟基本上还未受关注，鲜有被研究，因此人们对其知之甚少，它与其他有花植物的关系也一直不太清楚。早期一些研究人员曾认为它是樟科（Lauraceae）的成员；虽然其他植物专家将其独立成科——无油樟科（Amborellaceae），但仍然认为其亲缘关系接近樟科[36，37]。

几十年以来，无油樟一直是一种不为人知的植物，其他科学家或公众对其也兴趣寥寥。但是，当 20 世纪 90 年代的 DNA 研究终于发现无油樟在植物生命之树中的特殊位置时，一切都发生了变化。无油樟在进化上具有独特的系统地位，是现存的所有其他有花植物的姐妹群（图 5.8）。这就是说，无油樟对有花植物所具有的进化意

(A)

(B)

Icterus dominicensis
Chlorospingus pileatus
Conirostrum bicolor
Coereba flaveola
Phaenicophilus palmarum
Xenoligea montana
Microligea palustris 1
Microligea palustris 2
Teretistris fernandinae
Spindalis zena
Icteria virens
Seiurus aurocapillus
Helmitheros vermivorus
Geothlypis trichas
Geothlypis speciosa
Oporornis agilis
Oporornis formosus
Seiurus motacilla
Mniotilta varia
Basileuterus tristriatus
Basileuterus rufifrons
Wilsonia canadensis
Cardellina rubrifons
Wilsonia pusilla
Myioborus albifacies
Myioborus brunneiceps
Protonotaria citrea
Limnothlypis swainsonii
Vermivora chrysoptera 1
Vermivora chrysoptera 2
Vermivora pinus 1
Vermivora pinus 2
Parula gutturalis 2
Parula gutturalis 1
Parula superciliosa 1
Parula superciliosa 2
Vermivora peregrina 1
Vermivora peregrina 2
Vermivora celata 1
Vermivora celata 2
Vermivora ruficapilla 1
Vermivora ruficapilla 2
Vermivora crissalis
Vermivora virginiae 1
Vermivora virginiae 2
Vermivora luciae 1
Vermivora luciae 2
Vermivora ruficapilla 3
Vermivora ruficapilla 4
Dendroica angelae
Dendroica pharetra
Setophaga ruticilla
Wilsonia citrina
Parula pitiayumi
Parula americana
Dendroica caerulescens
Dendroica pensylvanica
Dendroica petechia 1
Dendroica petechia 2
Dendroica magnolia
Dendroica castanea
Dendroica striata
Dendroica virens
Dendroica adelaidae
Dendroica vitellina
Dendroica discolor 1
Dendroica discolor 2
Dendroica palmarum
Dendroica dominica
Dendroica pinus 2
Dendroica pinus 1
Dendroica pinus 3
真正的莺类

图 5.7 白翅地唐纳雀的系统发育树

（A）白翅地唐纳雀的 DNA 数据和生命之树表明它不是真正的莺类。照片由戴夫·斯特德曼（Dave Steadman）提供。（B）系统发育树显示白翅地唐纳雀（由箭头指示）不在其他莺类（真正的莺类用竖直线表示）的进化支系中。图片引自参考文献［35］中的原图 1。

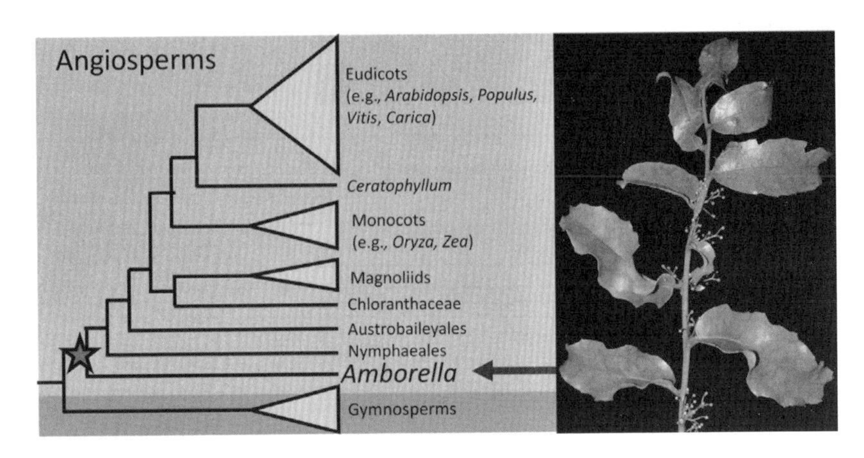

图 5.8　有花植物无油樟及其在生命之树上的关键系统位置

无油樟是现存所有其他有花植物的姐妹群。图中 Angiosperms 为有花植物（被子植物），Gymnosperms 为裸子植物。植物照片由韩国诚信女子大学金相太（S. Kim）提供。

义，就像哺乳类里的鸭嘴兽一样重要[39]。无油樟在有花植物生命之树上独树一帜的地位（图 5.8），大大强化了对它的保护力度，因为这种被子植物的早期幸存的谱系可为有花植物进化提供非常关键的见解。

由于无油樟关键的系统发育地位，人们对它开展了一系列的深入研究。无油樟的全基因组测序为其他有花植物基因组研究和农作物科学的应用研究提供了重要的基因组参照数据[38]。同时，无油樟基因组数据也为其他有花植物的基因和基因组进化的解释提供了一个用于比较的基准。现代农作物具有高度复杂和反复修饰的基因组——可以将之视为一架精密的战斗机。如果你对飞行一无所知，那么解读现代农作物的基因组便无从谈起。无油樟的基因组就相当于一架古老的双翼飞机，为解释复杂的、衍生的有花植物（如现代农作物）的基因组提供了所需的基本知识[38]。由此可见，一旦确定了无油樟在生命之树上的重要位置，那么一些围绕现代农作物的基因组解读的科学问题就迎刃而解了。

保护遗传学——繁殖计划

有些生物类群仅留下极少数的最后幸存者。在需要对其设计保护繁殖计划时，生命之树会发挥至关重要的作用。不幸的是，对于一种原产于佛罗里达州的大西洋沿岸的深色海滨沙鹀（dusky seaside sparrow）来说，这个经验已经太晚了。当察觉到这种鸟的数量降低到只剩下少数雄鸟时，人们才用地理上非常接近的海滨沙鹀（seaside sparrow）亚种的雌鸟设计了人工圈养繁殖计划，但最终还是失败了[40]。后来用这些鸟类构建关系树，才发现这些深色海滨沙鹀的最近缘类群是来自佛罗里达州的墨西哥湾沿岸的海滨沙鹀，而不是人们起先假设的那些在地理上更接近的海滨沙鹀。最初的人工圈养繁殖计划显然应该包含更近缘的墨西哥湾沿岸亚种，但系统发育的信息考虑得太晚，深色海滨沙鹀已灭绝，再也无法拯救了（图 5.9）。

图 5.9　深色海滨沙鹀

这是由于在保护工作中缺乏系统发育树的指导而导致物种灭绝的例子。遗憾的是，拯救深色海滨沙鹀的人工繁殖计划没有正确地选择其近缘类群。照片来自免费的在线图像。

还有很多能表明由于对生物亲缘关系的不了解，对物种保护来说是多么致命的例子。相反，一些使用各种DNA标记和系统发育的研究已经在保护生物学上发挥了重要作用。比如说欧洲的一种稀有的淡水贻贝，一些人曾经认为它已经灭绝了，但实际上还幸存了一些种群。DNA数据还显示，现存的种群在基因上明显不同于另一个近缘且地理分布范围更广的物种。由于这两个物种的外观极为相似，所以人们曾经将它们混淆了[41]。

隐存种的发现

数个世纪以来，人们一直依据生物的物理表象——外观（即形态学）来识别并区分不同的物种。但是，由于两个近缘的物种看起来是如此相似，常常会导致生物学家错误地将它们视为同一个物种。本书第四章已经介绍了该主题。回顾前面提及的内容，有些蛙类外观看起来几乎相同，但它们的发声方式或鸣声却明显不同。虽然我们很难通过外观来区分青蛙们，但它们却能毫无障碍地清晰区分出彼此。同样，有些植物外观非常相似，但染色体数目不同——这导致它们之间不能杂交，并且分布在不同的环境中；不同的蝴蝶物种，可能仅在斑点图案上略有不同，或一些外观相似的蝴蝶物种可能具有不同的行为模式。正如第四章所述，在其他生物谱系中还有很多隐存种的例子，其实它们在自然界比比皆是。因此，我们严重低估了地球上物种的数量，即使在生命之树上我们自以为非常了解的那些部分中也是如此（见第四章）。通过使用DNA序列数据和生命之树，可能有助于人们更快速地识别隐存种。目前已经用DNA序列数据和建树（通常称为系统发育重建）来解决寻找隐存种问题。该方法能够揭示出两个看起来形态相似，但DNA序列和在生命之树上的位置都不同的生物。在蕴藏着大量尚未被发现的物种的生物多样性热点地区，该调查方法已经开始广泛应用了；使用 DNA 数据与生命之树上已有的近缘种进行比较，可以帮助人们快速识别隐存的生物实体[42]。这种利用 DNA 数据和生命之树的方法越来越多地被分类专家应用于寻找尚未发现和未命名的新物种。

生物多样性丰富地区的保护

生命之树的另一个用途是评估生物多样性，帮助确定地球上哪些地区在保护上最重要。尽管目前还经常会发现或提出一些新的热点地区，例如北美洲沿岸平原（Coastal Plain），但总体上生物学家对主要生物多样性热点地区所处的位置已经有了大致的了解。大量博物学标本数据帮助科学家对生物多样性集中的地区做出了重要评估[43, 44]。系统发育关系对于寻找生命之树上物种来源最多的地区至关重要[45–47]。

一个重要的新保护目标是确定在任何指定地区中有多少生命之树上的部分存在。这可以用系统发育树和一个名为系统发育多样性（phylogenetic diversity，PD）的测度（measure）来计算[48, 49]。目前评估 PD 是生物多样性研究中的重要主题。需要注意的是，PD 的估计与对某个地区的物种总数或珍稀物种数量评估不同，即便后两者都是讨论生物多样性保护时常用的指标。虽然这三种生物多样性保护的测度都非常重要，但它们揭示的内涵却截然不同。可以想象一个简单的例子，比如有两个假设的地区（图 5.10），你应该先保护哪个？优先考虑广布的常见种、稀有种，还是横跨生命之树最大遗传距离的那些物种（即保护 PD）？虽然保护尽可能多的物种（特别是稀有种）无疑是

图 5.10 系统发育多样性（PD）的解释

假设有两个面积和物种数都相同的地理区域，如图所示。其中，图上部区域有很多种橡树，包含一些非常罕见的橡树物种；图下部区域的物种更加多样。虽然上部区域可能有更多的稀有种，但下部区域覆盖了生命之树更大的部分，因此 PD 要高得多。

非常重要的，但花费资源来保护 PD 可能更有效。

2007 年的一项研究为使用 PD 和生命之树进行生物多样性保护提供了最早的案例[50]。这项研究表明，PD 对南非开普地区的优先保护具有重要意义，而开普地区是以生物多样性闻名的植物种类富饶之地。这项研究用该地区植物的系统发育关系，揭示 PD 最高的地区与珍稀物种数量最多的地区并不一致，进一步表明了两种生物多样性测度是不相关的，但对生物保护来说同样至关重要。

我们再提供两个 PD 案例，分别为最近在中国和美国（佛罗里达州）的研究，用来说明使用生命之树评估 PD 分布的重要价值。中国拥有令人惊叹的植物多样性——全世界共计约 35 万种有花植物，其中约 10% 在中国有分布。研究者利用中国的属级水平（全部有花植物属）和种级水平（26 978 种已命名的有花植物）的系统发育树（图 5.11），评估了当今中国植被的主要成分以及它们是如何汇集在一起的，还探讨了哪些区域拥有最高的 PD。这项研究发现，中国东部留存了很多古老谱系；许多远缘种经常在中国东部地区共存，而且中国东部地区的 PD 高于西部[47]。相比之下，中国西部地区则大量近缘种共存，这可能是由近期山脉隆升导致的青藏高原形成和该区域快速的物种辐射进化造成的，因而其 PD 低于东部地区。这个结论很重要，因为它首次确定了中国的高 PD 区域，也为中国的生物多样性保护工作提供了重要的基础数据。例如，中国西部的高 PD 区域已经受到很好的保护，但中国东部 PD 高的地区则不然（www.nature.com/articles/nature25485）。由于高度城市化和大量不同行政单位划分，导致中国东部缺乏保留地。鉴于 PD 数据表明中国东部地区生物多样性是如此之高，加强

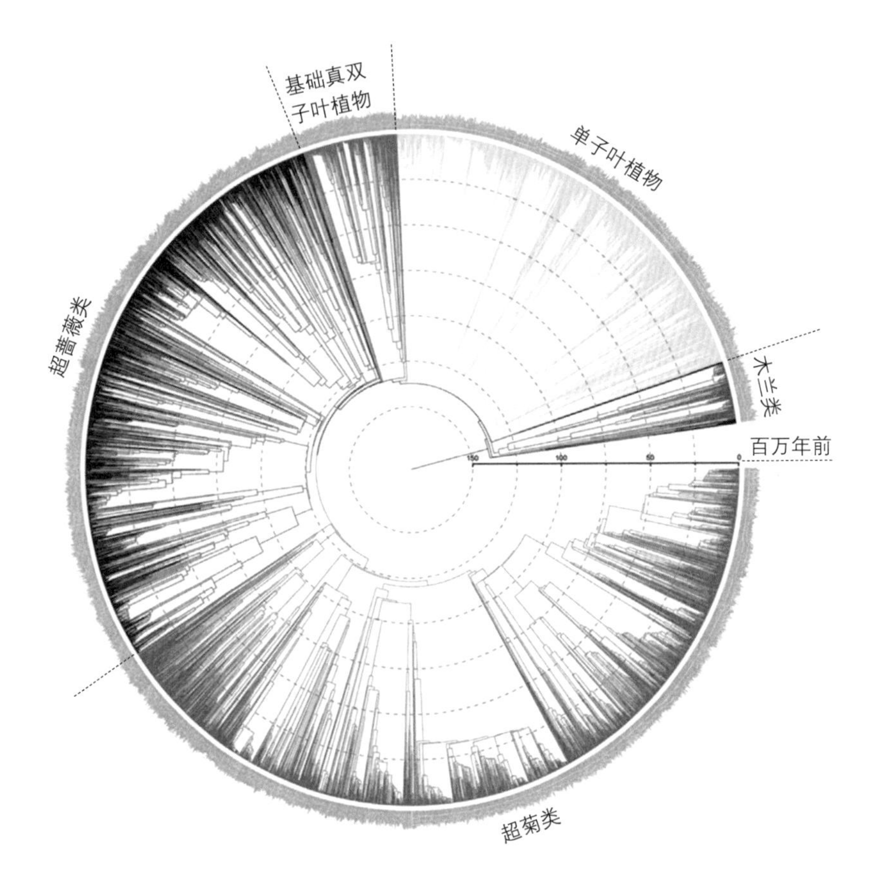

图 5.11　中国有花植物系统发育关系树

中国有花植物的主要类群（即进化支系）包括木兰类（magnoliids）、单子叶植物、超蔷薇类（superrosids）和超菊类（superasterids），以及基础真双子叶植物（basal eudicots）。图片引自参考文献［47］。

东部地区的国家公园与自然保护区之间的紧密联系将是一个非常有效且可行的提议[47]。

关于佛罗里达州生物多样性的保护目的和未来规划的研究为 PD 的应用提供了另一个绝佳的例子。佛罗里达州拥有众多不同的生境和高度多样化的植物，孕育了 4 300 多种维管植物。佛罗里达州有多个地点被认为是生物多样性热点地区，其中佛罗里达沿岸地区不仅是北美洲沿岸平原生物多样性热点地区的一部分[51]，也是佛罗里达狭长地带的一部分[52]。尽管人们通常认为生物多样性热点地区对生物保护很重要，但也存在一些问题——一直对生物多样性的热点地区缺乏标准的评估或算法。这正是计算 PD 的价值所在——让科学家能明确地进行定义、衡量和比较。重要的是，有研究发现佛罗里达州北部半岛的 PD 实际上高于沿岸平原或半岛的热点地区（图 5.12B），而这可以用佛罗里达半岛北部具有丰富、多样的生境来解释[46]。相比之下，佛罗里达中部高海拔的莱克威尔士岭（Lake Wales Ridge）则是一个低 PD 区域（见图 5.12B 中的佛罗里达地图上的箭头）。该山脉是一个很有名的沙地灌木特有区域——生长着许多近缘种，因此可以预期 PD 很低。同样，佛罗里达州南端的大沼泽地（Everglades）也有较低的 PD，反映了它相当同质的生境和物种组成。一个区域存在大量近缘种将导致 PD 较低，即便其中包含了一些罕见物种（图 5.12）。

需要强调的是，无论是物种总数、珍稀物种数量、生物多样性热点地区的认定，还是 PD 的估计，没有哪个单独的生物多样性测度是对的或错的——它们都是衡量生物多样性的重要方法。然而，由于 PD 是有明确定义、基于生命之树，并且作为发现和保护生命之树上大的部分的一种有效方法，测度 PD 对制定保护策略非常重要。在现今生命之树的“叶子”（物种）迅速消失或受到威胁的关键时刻（见第六章），在全球范围内测度 PD 是评估哪些区域将会最大可能地拯救生命之树的绝好方式。

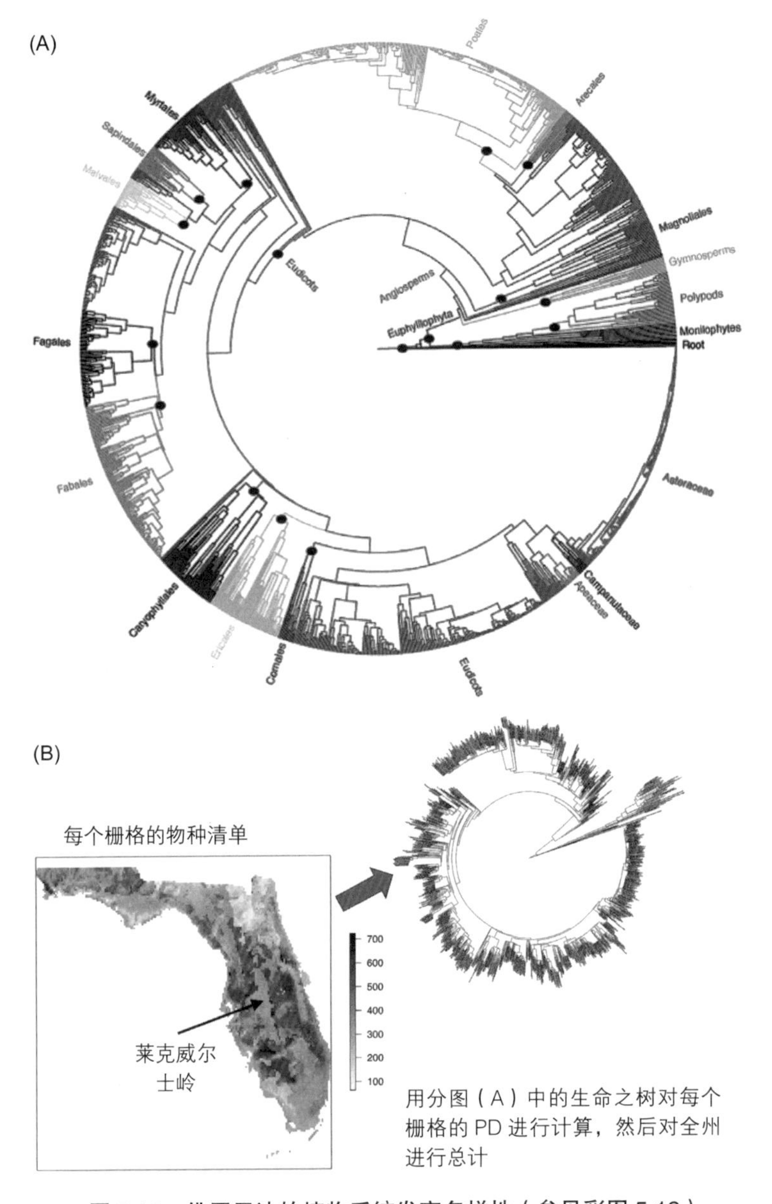

图 5.12　佛罗里达的植物系统发育多样性（参见彩图 5.12）

（A）佛罗里达维管植物系统发育——佛罗里达维管植物的生命之树。它基于基因序列数据构建，包含了 1 498 个物种（占该州维管植物总物种数的 38%）、685 个属（占该州维管植物总属数的 44%）和 185 个科（占该州维管植物总科数的 78%）。图中对主要的植物类群进行了标记，并以不同颜色区分。（B）用分图（A）中的树显示佛罗里达的 PD 分布。研究者先以面积 16 平方千米（佛罗里达州西北部的红点所示）为 1 个栅格将佛罗里达州分为 8 045 个栅格（群落），然后生成每个栅格的物种名录，再用佛罗里达的植物生命之树计算每个栅格（群落）的系统发育多样性，最后汇总出佛罗里达州的整体情况。如果生命之树上的某个物种分布在某个栅格所在的区域里，则对应的树上颜色标记为红色。地图上深绿色部分代表较高的 PD，箭头指向的威尔士岭是一个低 PD 区域（浅绿色）。分图（A）和（B）均引自参考文献［46］。

对气候变化的响应

如今，系统发育树也是生态学研究必不可少的工具。由于近缘种通常对环境变化做出类似的响应，科学家可以利用系统发育关系来预测物种如何应对高温或干旱等生态胁迫事件。在这个瞬息万变的世界里，生命之树的重要用途不容低估。

一个被称为虎耳草目（Saxifragales）的有花植物小类群——该名称源于虎耳草属（*Saxifrages*），因其巨大的吸引力有时被有趣地谐音为“性感手榴弹”（sexy-frag）——是用来说明生命之树的系统发育关系在预测植物应对气候变化响应方面的重要作用的绝佳类群（图 5.13）。在这个由约 2 500 个物种组成的有花植物小类群中，包含了一些著名的木本植物，例如枫香、茶藨子和金缕梅，还有著名观赏植物芍药、千母草、矾根、景天属植物（*Sedum*）和落地生根（图 5.13）等。尽管虎耳草目的物种数不多，但生境多样，因而不仅有温带森林树种，也有沙漠多肉植物，还有北极的高山类群，甚至有水生类群。

虎耳草目的系统发育树上清楚地展示出这些不同生活型的植物的生境转换并不常见（图 5.14，彩图 5.14）。从图 5.14 中对应生境型的颜色，就可以明显看出其生境的稳定性。这些颜色与虎耳草目的谱系密切对应。一旦生境型在进化中发生过改变，例如生境变成了沙漠、水体或高山，虎耳草目的后裔谱系仍然不会再离开（或很少更换）原来的生境——生境变化是渠限化事件（canalizing event，即定向化事件）。这种对生境的保守性在其谱系中已经存在了数百万年。

我们还可将虎耳草目的物种的温度偏好映射到包含了它们约 1.1

图 5.13 虎耳草目植物

虎耳草目是约有 2 500 个物种的有花植物小类群，图中这些照片展示了该类群令人惊叹的多样性。（A）矾根属一种（*Heuchera* sp.）（“*Heuchera* × *bryzoides*”）；（B）千母草（*Tolmiea menziesii* Torr. and A. Gray）；（C）长寿花（矮生伽蓝菜，*Kalanchoe blossfeldiana* Poelln.）；（D）吉林景天（*Sedum middendorffianum* Maxim.）；（E）枫香（*Liquidambar formosana* Hance）；（F）红茶藨子（*Ribes rubrum* L.）；（G）牡丹‘红吊饰’［*Paeonia* “Red Charm”，即芍药与药用芍药杂交品种（*Paeonia lactiflora* Pall. × *P. officinalis* L.）］；（H）杂交金缕梅（*Hamamelis* × *intermedia* Rehder）；（I）虎耳草属某一种（*Saxifraga caesia* L.）。照片均来自维基百科自由共享资源，文字则由佛罗里达大学自然博物馆的 D. 索尔蒂斯（D. Soltis）和马夫罗迪夫（E. Mavrodiev）编写。

亿～1.2 亿年进化历史的系统发育树上，以此证明它们的主要生态位罕有转换或变化。这项尝试性分析非常有价值，因为它表明这个类群起源于温带祖先，并曾多次向寒冷和温暖气候发生变化或适应（图 5.15，彩图 5.15）。不过，这些植物一旦适应了低温气候，就不会很快适应温暖气候了。反之亦然，其中一些谱系在数百万年前适应了温暖气候后，

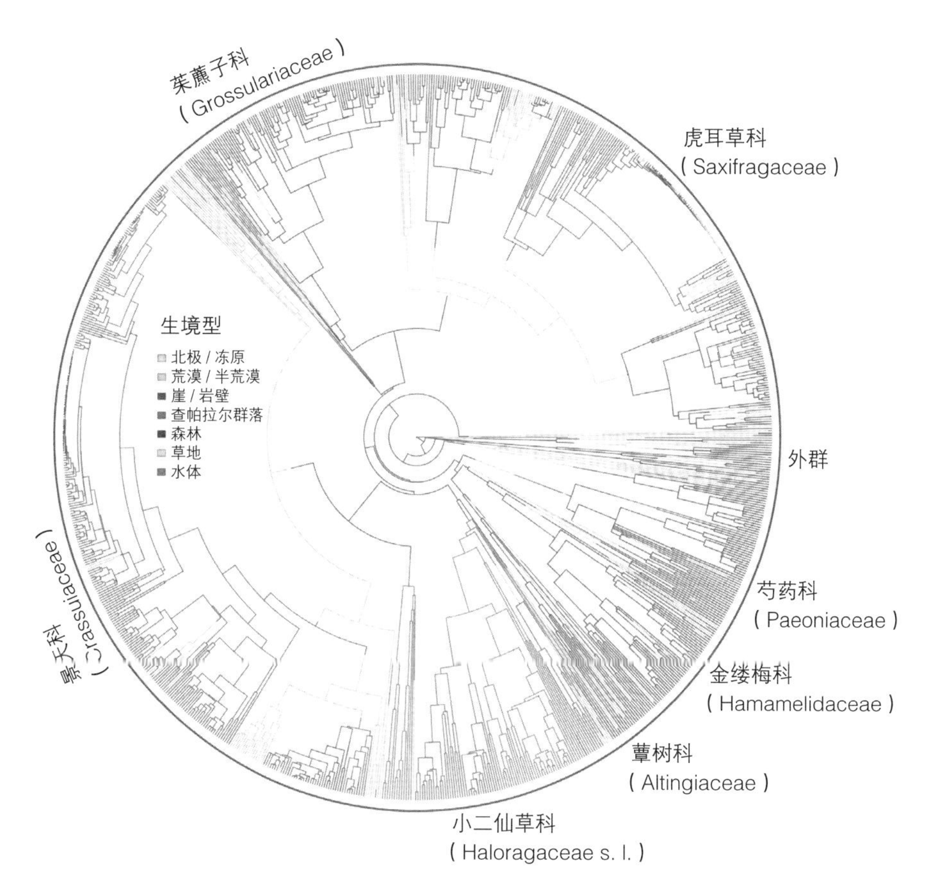

图 5.14　有花植物虎耳草目的系统发育树

虎耳草目植物的生境型用不同颜色标记在其生命之树上（参见彩图 5.14）。该类群的生境高度多样，其物种分布在沙漠、森林、北极甚至水生环境里。值得注意的是，颜色与树的分组或支系（祖先及其后代）相当吻合，这表明生境的变化是罕见的，若真正发生时往往会引发渠限化事件。有关背景知识请阅读参考文献［56，57］。

就不会再切换到寒冷环境了。

这项研究展示了生物学家常说的系统发育约束（phylogenetic constraints，即系统发育保守性）现象。乍一看这似乎是一个令人生畏的术语，但它仅仅意味着，这些生物已经进化出来的某些特征将会

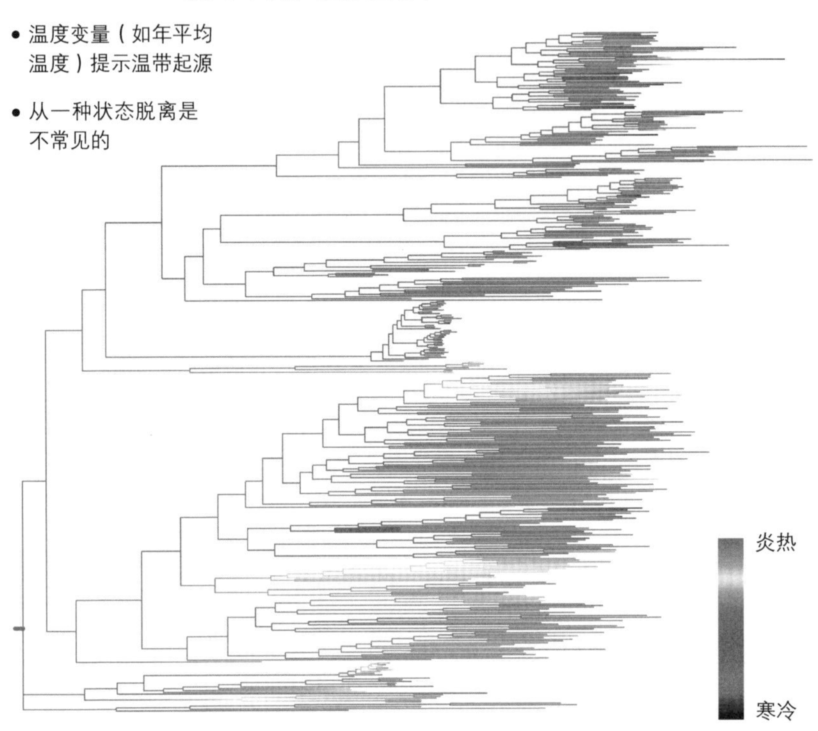
虎耳草目：祖先生态位
• 温度变量（如年平均温度）提示温带起源
• 从一种状态脱离是不常见的
炎热
寒冷

图 5.15　虎耳草目植物对温度的响应

虎耳草目系统发育树（参见正文）上标示出了物种适应的平均温度（这里的系统发育树用水平方式展现，而非图 5.14 中的圆形）。此系统关系清楚地显示出该类群是从 1 亿多年前的寒冷环境中进化而来的（可能是森林树种）。随着支系的进化和新物种的出现，一些谱系适应了非常寒冷的气候（蓝色），而另一些谱系则适应了更温暖的气候（黄色 / 红色）（参见彩图 5.15）。但是，这些进化改变是渠限化事件（参见图 5.14 和彩图 5.14），也就是那些适应寒冷气候的谱系已经存在了数百万年，并未再产生适应温暖气候的新物种。然而在气候迅速变化的情况下，这个类群的未来适应性堪忧。图片来自佛罗里达大学佛罗里达自然博物馆的瑞恩 · 福克（Ryan Folk）。

在它们的后代中发挥重要作用。这也就是说，一个类群的进化历史（或称为系统发育关系）——实际上是在整棵生命之树上——会约束未来的进化的选项（evolutionary option）。在虎耳草目的案例中，某个谱系一旦适应了低温气候，就很难再转变——这就是一个系统发育约束。这也是系统发育能够揭示的另一个主要功能。在不同的地区、不同的生命谱系中都有类似的发现被报道，包括响尾蛇的进化[53-55]。除了虎耳草目的案例，其他研究也表明，对于很多生命谱系（即类群）来说，适应气候的迅速变化非常困难，甚至是不可能的。许多生命谱系的未来确实堪忧，但通过生命之树，科学家可预测哪些谱系有可能在适应气候的急剧变化上面临最大的威胁，无论是温度还是水分等气候条件。

作物改良

生命之树对于作物改良非常重要。如果作物学家想通过一种途径来培育耐旱节水型作物（这已是当下一个非常重要的理念）或引入抗病基因，那从哪儿能找到基因（或种质资源）呢？一个普遍的做法是，用生命之树去确定目标作物的近缘种是否具有相应的基因。

生命之树和系统发育知识对于农业和作物改良的重要性尚未得到人们的充分认识。如果没有引入野生近缘种，我们的一些作物品种早已销声匿迹了。甘蔗就是一个鲜活的例子。对此，美国农业部的米勒（J. D. Miller）说过："如果没有来自甘蔗野生近缘种的种质资源，现今世界上任何一个地方都不可能有如此繁盛的甘蔗产业。"

笋瓜（印度南瓜）的种植也是如此。栽培的笋瓜品种通常需要大量水分，但系统学研究发现笋瓜的有些近缘种具有更好的抗旱性，从而为培育耐旱节水型笋瓜品种提供了改良的种质资源（图 5.16）。

豆科是仅次于禾本科的第二重要的经济植物类群。传统的作物育

图 5.16　适应干旱的南瓜属（*Cucurbita*）栽培品种的野生近缘种（左图、右图）
通过对南瓜属的所有物种进行系统发育分析，发现全部栽培品种所在的支系为湿生或适应多湿环境的物种。然而系统发育树显示，来自干旱的美国西南部的南瓜属栽培品种的近缘种是适应干燥环境的，如图所示。这些适应干燥环境的近缘种为抗旱品种的选育提供了可能的种质资源，并将最终用于培育水分利用效率高的品种。这为生命之树在农业中的应用提供了一个鲜活的案例。资料来自佛罗里达大学佛罗里达自然博物馆的海瑟·罗斯·凯茨（Heather Rose Kates）。

种研究主要涉及栽培种的遗传多样性评估。然而，最近系统学研究在作物育种中的重要性日渐体现[58]。豆科的生命之树对于理解豆类作物的起源、进化和生态具有非常重要的意义。自然界中还有很多豆类作物的野生近缘种（这与谷类作物和芥类作物不同），鉴别出这些近缘种可为改善作物抗病性、提高水分利用效率和产量提供至关重要的信息。

将豆科植物的固氮过程转移到其他作物中是系统发育知识对实际生产应用具有重要影响的一个极佳例子。农民和非农民的生产者都意识到传统的作物轮作方式，即在种植谷类作物（如玉米）后再种植豆类作物（如苜蓿），能增加土壤中的氮元素。这是因为许多豆类作物根部的根瘤组织中具有特殊的细菌（即根瘤菌），能将空气中的氮转化为硝酸盐并供植物吸收利用。这一特性使得豆类作物即使在贫瘠的土壤中也可茂盛生长。在很多区域，这种作物轮作方式已代替了氮肥的大量使用。

尽管使用肥料能促使连年种植的同一作物大量增产，但也有其不足，比如会对水生生态系统造成极大损坏。肥料的另一个缺点是其能耗和经济成本较高。这些问题激发了研究人员对豆科植物固氮机制长达数十年的研究兴趣，设法将豆类作物中根瘤的固氮能力转移至无根瘤结构的其他作物中，以在不使用肥料的前提下保证这些作物的正常生长。试想一下这种可能性吧：在贫瘠的土壤上种植大量作物，不需施肥且对环境无害，那该多美好！

当然，豆科并不是唯一具备固氮能力的植物类群，还有其他 9 个科的有花植物也具备这一能力，例如鼠李科（Rhamnaceae）美洲茶属（*Ceanothus*）的物种、蔷薇科的成员和大麻的近缘种等。长期以来，这些植物因外形差别很大而被认为亲缘关系一定很远，并暗示根瘤特性经历了多次起源。然而，系统发育研究的结果让大多数植物学家颇为吃惊，即这些具备根瘤固氮能力的植物的亲缘关系很近，根瘤的起源只发生了一次。如此一来仅需阐明一个机制性的问题即可，即如何将固氮植物中与固氮菌合作的基因转移至非固氮植物中？以往的固氮研究仅集中于豆科植物，限制了我们对根瘤形成的理解，而现今的研究则涵盖了具备固氮能力的 10 个科的植物中，寻找其固氮的共性。必须说明的是，正是对生命之树有了深入理解才使得开展这类研究工作成为可能。

系统发育树对于选择园艺植物的近缘种同样重要，相关信息可用于野生物种的筛选和观赏物种的改良[59, 60]。比如，杜鹃花科（Ericaceae）杜鹃花属（*Rhododendron*）的日本杜鹃因花朵艳丽多娇而备受青睐，被广泛栽培。科学家通过运用 DNA 数据和构建系统发育树确定了日本杜鹃最近缘的物种，而且这些野生近缘种具备繁殖所需的理想性状，如开花时间、多样的花形和绚丽的花色、较好的受冷耐荫能力，可用于改良日本杜鹃。

系统发育侦探：依法取证与生命之树

而今，生命之树在侦查工作方面扮演着重要角色。在某种意义上，这就像你在所喜欢的司法鉴定电视节目中看到的一样，DNA 标记和生命之树可用来侦破犯罪问题。在与生物多样性相关的法医工作中，DNA 条形码（DNA barcoding）技术可通过少量的材料和组织来进行物种鉴定。在此过程中，一个遗传标记（即基因组中一个或多个区域的 DNA 序列）被用于将目标样品与生命之树上的物种进行比对（图 5.17）。生命之树和 DNA 条形码在侦查工作中可用于识别错误标注的鱼类、走私的药物和盗取的保护物种，还可用于自然保护和珍稀濒危物种的非破坏性评估。以下举几个相关研究实例。

当你在市场上购买或在餐馆中选择鱼类时，如何确定你所购买的就是鳕鱼、金枪鱼、马鲛鱼或其他想要购买的鱼类呢？从鱼体组织获得 DNA 序列可以与生命之树上常见的鱼类的 DNA 序列进行匹配，从而确定你是否买到真正想要的鱼，或确定这些鱼是否是通过合法途径得到（图 5.18）[61]，但此类调研的结果让人大跌眼镜。海洋保护组织（Oceana，http://oceana.org/）的一项研究显示，在美国 21 个州的 674

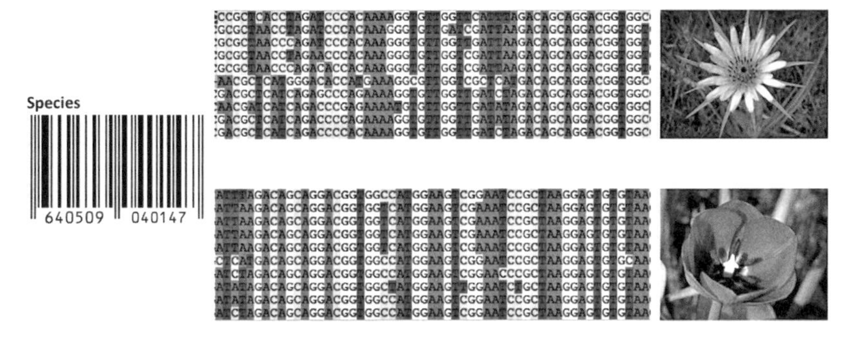

图 5.17　DNA 条形码技术

左图是物种 DNA 条形码的图示。在这个例子里，两个物种（右上图和右下图的花）的条形码分别对应各组（中上图和中下图）DNA 序列的第一行，与其他相关物种都有序列上的区别。

个仓库和餐馆中的 1 215 份海鲜样本中，1/3 的种类被贴上了错误的鱼类鉴定标签[62]。与寿司餐馆相关的研究尤其令人不安，在芝加哥、纽约、华盛顿特区的每家寿司餐馆中，都至少有一种鱼的名称是错误的（www.smithsonianmag.com/science-nature/how-dna-testing-cantell-you-what-type-of-fish-youre-really-eating-378207/）[61]。基于近 3 年的研究数据，洛杉矶的寿司餐馆中有 47% 的鱼类名称标注错误[63]。

DNA 序列和生命之树也可帮助海关鉴别非法购买的生物材料。比如，烟草（*Nicotiana tabacum*）具有重要的经济价值，仅香烟每年在全球的交易额就超过了 7 000 亿美元。然而，为了避税而从边境走私烟草制品成了一个日益严重的问题，导致全球范围内政府的税收每年损失约 310 亿美元。应用 DNA 数据和生命之树来鉴定跨边境运输的烟草碎片是不错的方案[64]。这种方法还可用来检测走私的其他药物，比如可卡因和大麻（*Cannabis sativa*）的碎片[65-67]。

木材的盗伐和非法交易是一个严重的全球性问题，而这对稀有植物物种和受威胁的居群带来了危害，其中东南亚对龙脑香林

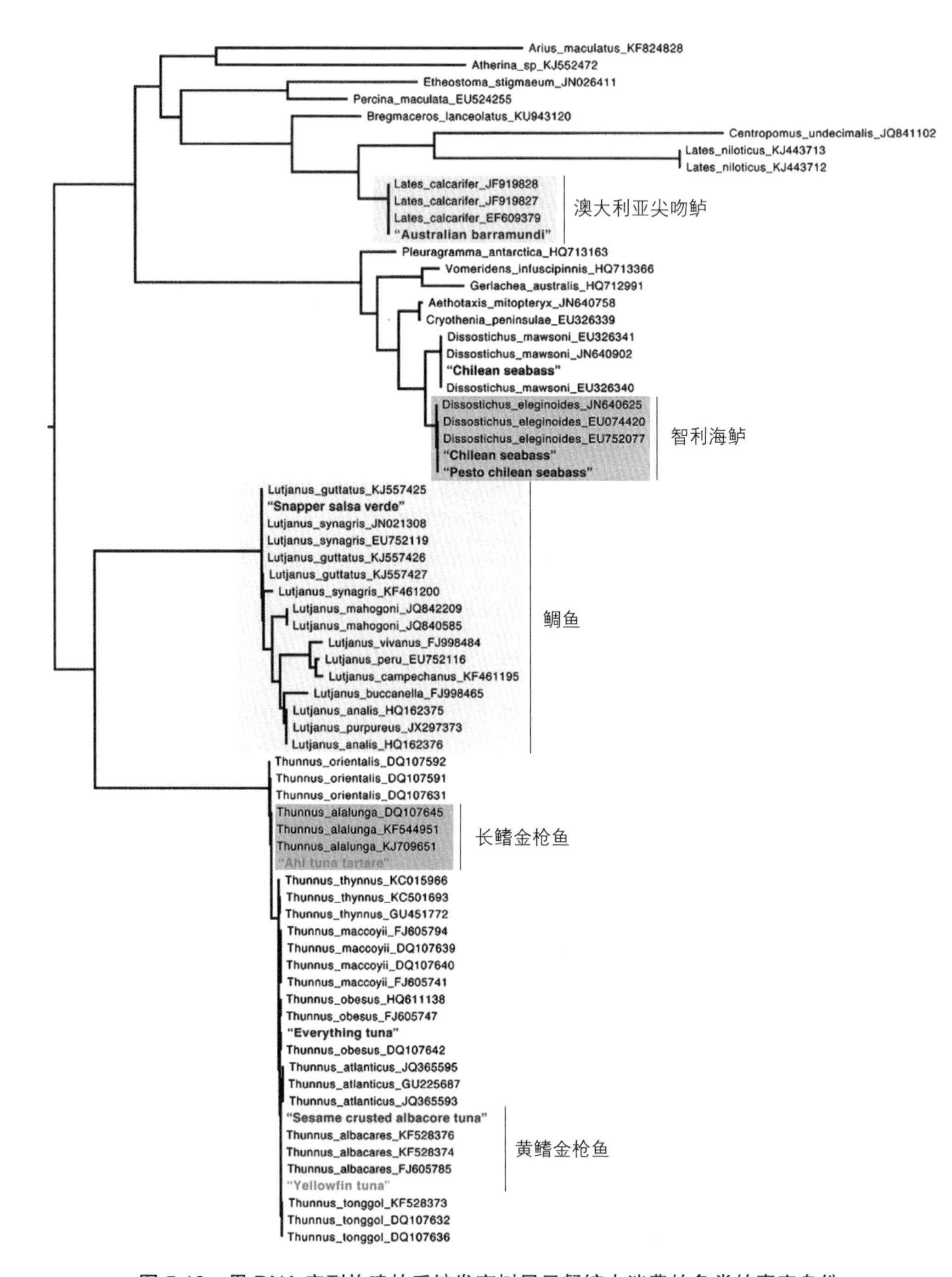

图 5.18　用 DNA 序列构建的系统发育树显示餐馆中消费的鱼类的真实身份

从市场上购买的“鲷鱼”（snapper）的 DNA 序列在系统发育树上应该与其他鲷鱼样本在一起。如果其 DNA 序列与其他物种在一起，那么消费者被误导了——事实上，餐馆菜单上的很多鱼类的名称不正确。图片引自参考文献［61］。

（dipterocarp forest）的砍伐便是一个典型的例子[68]。龙脑香树曾是许多东南亚森林中的主要树种，因人们对其木材的青睐，导致其价格高昂和毁灭性砍伐。一些龙脑香树种非常稀有，仅分布在极其狭窄的区域，因此被列为保护物种。一些盗伐者试图将这些稀有种输送到交易市场，而一旦被砍伐后，这些稀有种的原木看起来就和其他常见树种一样，难以识别。不过，可以用 DNA 条形码技术对这些原木进行鉴定，以确定其是否为非法砍伐的稀有种[69, 70]。其他各种各样的濒危动植物也可能被非法走私，而利用 DNA 条形码技术和生命之树同样可以用来确定这些物种是否为《濒危野生动植物种国际贸易公约》禁止非法交易的物种[42]。

还有一个展示生命之树蕴含的“树的知识”及其巨大威力的例子，而这在几十年前还难以想象或预料。在水生生态系统中，如何评估它的动物多样性（如鱼类和两栖类）？以前的通常做法是拉网捕捉或电击将动物击昏，然后进行统计和种类编目。然而这些操作过程对许多动物来说充满了伤害，尤其不适用于评估稀有种的种群大小。这时，环境 DNA（environmental DNA）方法是一项重要的鉴定技术，可用来评估和确定水生生态系统中鱼类和两栖类物种，且对动物没有伤害。水生动物在水体里经常游动，因此它们的一些细胞必然会脱落在水体中。DNA 检测技术非常敏感和精确，那会精确到什么程度呢？在一处水生栖息地中取水样后，对水中的悬浮物进行 DNA 片段提取、扩增和检测，然后将得到的 DNA 序列与生命之树进行比对，就可得知这一水体中具体有哪些物种。这种方法可在不惊扰动物的前提下对是否存在稀有种做出评估，同时也可在不伤害本地种的前提下来确定是否有引入种[71-73]。

生态系统服务

毫无疑问，生物多样性丰富且健康的生态系统对人类生存至关重要。换言之，生命之树和生物多样性就是“生态系统服务”的根基[74，75]。通常来说，生态系统服务可定义为人类（智人）自然地从健康的生态系统中谋取到的所有惠益。这些生态系统的某些服务功能很明显，比如当我们思考这些功能时就会联想到干净的水、肥沃的土壤、被授粉的植物（包括我们的庄稼）等。健康的生态系统还能减少洪灾、调节气候、产生洁净的空气和减少疾病，并且对人类的身心健康和娱乐消遣也非常有益。

表 5.1 列出了四类生态系统服务功能：供给服务功能，如提供水和食物；调节服务功能，如调节气候甚至是控制疾病；支撑服务功能，如各种营养元素的循环和自然传粉；文化服务功能，如人类的娱乐活动和心理健康[76]。

每个代表健康生态系统的地区都容纳着生命之树的很大一部分。然而自进入人类世以来，生态系统的结构和服务功能发生了快速变化，其功能在不断降级，而且还在持续地加速恶化（见第六章）。随着生命之树上的叶子（物种）甚至整个分支从生态系统中消失，人类曾经视为理所当然的生态系统寻常具备的一些功能及其提供的多样化服务的能力，会受到限制或被破坏[77，78]。

从经济影响或生态系统提供给人类福利所需要的成本来看，生态系统服务功能在很大程度上未得到重视。不过，这种不重视生物多样性和健康生态系统重要性的态度在过去的几十年里得到了明显改善。

表 5.1　生态系统服务功能总览

类　别	说　明
供给服务功能	这些物种为人类生存提供必需的天然产品，包括食物、木材、燃料、织物纤维、水、土壤、药用植物和动物
调节服务功能	这些物种促进了自然界的稳定运转。比如，一些物质可过滤污染物质并提供清新的空气和洁净的用水，或帮助调节气候、固氮存氮。废弃和死亡的有机质的再循环利用也可归于此类，因其可视为是对农业害虫和疾病传播媒介的一种自然控制
支撑服务功能	即维持上述的供给服务功能和调节服务功能，包括土壤形成和光合作用过程（植物利用太阳能把二氧化碳和水转化为食物并释放氧气的过程）。这些服务可提供健康的生长环境，进而维持物种多样性和遗传多样性，而后两者对供给服务和调节服务都至关重要
文化服务功能	人类在与自然接触的过程中所得到的各种福利，包括积极的心理和精神影响。这些福利通过人类文化活动（如徒步、划船、户外和风景名胜区旅游、观鸟、垂钓、狩猎、园林园艺活动）所获取，对人类健康大有裨益（如缓解压力）

注：本表改编自参考文献［76］。

基于 1997 年的数据，有研究者最早在 2014 年对生态系统服务功能进行了估价，认为全球生态系统每年创造的价值约为 33 万亿美元（如今则认为高于 44 万亿美元）[75]。尽管很难对这种数字的准确性进行评估，因而存有争议，但这却是迈向正确方向的一步。没有全球性的健康生命之树，人类将付出难以想象的巨大代价。因此，保护生命之树至关重要，唯有这样才能确保人类拥有生存所需的健康的生态环境。

道德责任和精神康复

在上述章节中，我们从功利主义层面讨论了生命之树的重要性。然而，一些作家认为，这种一切都以人类自身利益为中心的观点“不仅目光短浅，而且道德沦丧”（www.kobo.com/us/en/ebook/the-death-of-our-planets-species）[79]。自然和我们星球上的许多物种还具有内在价值。在某种程度上，这可理解为生命之树在精神层面上的福利。

生物多样性在医药和农作物近缘种上的价值延伸，以及净化空气和水的生态服务功能，超越了能用美元和美分等金钱衡量的经济价值[74，75]。生物多样性在这方面为人类提供了不可估价的好处；仅凭自然和生物多样性本身的内在美和内在价值这样简单的理由，它们就应该得到保护。缓步林间，登至山顶，或在湖河边小度一日所带来的内心平静与祥和都源于生物多样性的馈赠。没错，智人这一物种从生物多样性中得到的内心平静本身就具有经济价值。目前已有研究表明，生物多样性（及与其密切关联的生命之树）可帮助舒缓压力和提高生活质量。自然就是我们的家园——我们的祖先并非生于巨大的钢筋混凝土城市，而是来自疏林和热带稀树草原，所以大城市的居民愿意在即便是半自然状态下的绿色空间里聚会。

不少作家讨论了生物多样性的丧失对人类身心的影响[4]。近年来许多文章和图书认可生命之树对心理健康的价值，而实际上美国一些大作家、诗人和哲学家从心理健康和精神福利层面认识到生物多样性的重要性由来已久。包括拉尔夫·瓦尔多·爱默生（Ralph Waldo Emerson）在内的一些美国早期重要人物对亨利·大卫·梭罗（Henry David Thoreau）①产生了重要影响。自然及其提供的精神康复疗法（spiritual healing）对梭罗影响深远，而他描写的在美国西北部的自然生活是生物多样性的精神价值（spiritual value）的经典例证[80]：“我步

① 美国著名作家和自然主义者。——译者注

入森林，因为我愿意从容活过，只面对生活的本真，并看我能否学到它所教授的东西，以免行将死去时才发现自己从未活过。”

约翰·缪尔（John Muir）在美国西部的自然旅行和经历塑造了一场自然保护运动,而他共同发起和创建的塞拉俱乐部（Sierra Club）①影响了全球几代人（http://vault.sierraclub. org/john_muir_exhibit/life/）。缪尔同样深受梭罗的影响，信奉自然（或生物多样性与生命之树）的精神价值[81]：“贴近自然之心……偶尔挣脱束缚，来一场说走就走的旅行，去爬山，抑或在森林中度过一周。涤荡你的灵魂吧！”

发展中国家——代价惨重

那些曾经从生物多样性中受益最多的地区现在却经常处于物种灭绝的最危险境地，因而损失会更多。热带地区拥有最大比例的陆地生物多样性，但处于这些地区的国家往往为了眼前的短期利益而牺牲未来的生物多样性。同样在这些热带地区，那些处于大城市之外的乡村或热带雨林残留区的穷人们的生存和发展与生物多样性（一棵功能性的生命之树）更加息息相关[82－84]。生物多样性保护努力（conservation effort）的长期目标与当地或原住民的长期目标相近——保护生命之树，但有时彼此之间会存在矛盾[85]。其实，当地居民不一定要面临在生存与生物多样性保护上进行抉择的问题。道伊（M. Dowie）[85]和我们都认为，只要把生物多样性保护努力与原住民生活习惯一起考虑，并承认生物多样性保护与文化生存（cultural survival）之间的相互作用和相

① 塞拉俱乐部是美国最重要的环保组织之一。——译者注

互依存，那么就会发展出一种新型、更有效的保护范式（conservation paradigm）——这是一个至关重要的现实。

在致力于保护生命之树的过程中，采取这种保留当地居民及其文化遗产、有启发性的保护方法的案例有很多，其中生态旅游就是此类方法的典型。当然也有其他案例，可能不太受到关注，但或许更有效。在此，我们说一个圭亚那的亚马孙地区居民的案例。巨骨舌鱼类是亚马孙盆地的本地种，也是世界上最大的有鳞淡水鱼（scaled freshwater fish），体重可达 200 千克。目前可能仅存 4～5 种巨骨舌鱼（至少有 1 种已灭绝），但人们对这些鱼类知之甚少，迄今为止并不清楚具体有多少种——这也是对生命之树上的物种研究极为贫乏的一个很好的案例。长期以来，亚马孙地区的原住民以可持续的方式捕捞巨骨舌鱼作为食物。但自从欧洲人入侵此地后，巨骨舌鱼被大量捕捞，并在近期由于过度捕捞而处于从易危到灭绝等级的濒危状态。此外，巨骨舌鱼在生命之树上处在一个不寻常、独特的谱系位置，无现存近亲。不幸的是，这些鱼类也被游钓（即运动钓鱼）爱好者高价追捧。近年来，捕获并放生的甩竿钓（fly fishing）作为一种同时保护这些鱼类和当地人土地的手段被引入进来，也就是土地的收入和保护工作也维护了当地人的生活方式。参与此项目的钓鱼者需要支付高额的费用来钓巨骨舌鱼，同时乡村的居民可以担任向导和厨师。这种钓鱼方式比单纯的捕捞并把鱼吃掉的做法更有意义，促进了当地的可持续发展[86]。

发展中国家生物多样性丧失的原因有很多，例如厄瓜多尔砍伐森林并种植可榨油的棕榈树[82]，以及巴西砍伐森林以种植大豆（大部分作为喂猪和鸡的饲料，而这些肉类食品远销全球的快餐店）、养牛[87]或发展木材行业[88]，但这些产业链上的终极产品最终被富裕的发达国家消费掉。对于发展中国家的当地居民来说，所有这些产业链带来的收益只是短期的，而多样性受损对生命之树的长期后果却很严重和显著，也在总体上对全球造成巨大的影响。

然而，发展中国家的生物多样性（生命之树）危机的解决方案不一而同且错综复杂，远远超出本书的范围。显而易见的解决方案（但并不一定容易实施）包括可持续发展、生态旅游，以及农家乐性质的垂钓和狩猎。试想没有生物多样性的存在，所有这些消遣或爱好都无从谈起。

目前，世界上最富裕的国家已经在对发展中国家的生物多样性保护进行大量投入，同时培训了大批来自发展中国家的科学家。尽管发达国家对发展中国家多样性保护事业投资不菲（截至2015年，每年高达100亿美元），但相对于要弥补生物多样性丧失带来的损失（每年约800亿～2 000亿美元）来说，这个数目却显得很低（//india.blogs.nytimes.com/2012/10/23/developing-countries-turn-to-each-other-for-conservation/）。虽然用于发展中国家生物多样性保护的资金投入和对回国效力的发展中国家科学家的技术培训卓有成效，但最终需要发展中国家有更多的人拥有保护生物多样性的所有权（ownership）意识——更多的自我导向和自主创新举措（owned initiatives），从而促进从内部而不是主要从外部拯救生命之树。

本章小结

就像将在第六章讨论到的那样，我们不知道的事物能伤害我们。我们有无数的理由去关注第六次大绝灭和在相对较短的时间内大量物种的丧失——那些直接或间接地掌握着人类治疗疾病或者提升人类健康的钥匙的有机体的丧失。许多有机体具有一种作为生态系统组分的隐藏价值（hidden value），但不幸的是我们目前没有看出其中的奥妙。有学者就贴切地指出："对于要失去多少［物种］后，我们赖以生存的生态系统依然能够维持功能……我们竟然是惊人地无知。"[89]长期以来，生态学家们尝试以铆钉假说（rivet hypothesis）来解释物种丧失带来的重大影响[90]：将生态系统想象为一架大型且配件复杂的飞机，它集成千上万的铆钉于一身。那么随着飞机（生态系统）上的铆钉（物种）丢失得越来越多，最终会达到一个临界点，那就是这架大型飞机失灵或崩溃——飞机坠毁，而对我们的比喻来说，那就意味着生态系统崩溃。换言之，随着生态系统中物种的丧失，灭绝率也会持续上升。威尔逊曾一针见血地指出[91]："当越来越多的物种消失或衰落到近乎灭绝，那么幸存者的灭绝率会加快。""随着物种灭绝的累积，生物多样性最终达到了一个导致整个生态系统崩塌的临界点。"这是今天我们每个人都需要认真思考的问题[92]。

尽管有些人可能还在纠结这些生物学概念或观念，但事实上我们就是地球上的主导有机体，就像威尔逊[91]、戈尔克（M. Gorke）[79]和其他科学家所讨论的那样。难道我们真的没有道德责任去关注地球上其他物种（以及生命之树）的命运，并且去感知那种被我们的远祖和当今的原住民分外珍视的与众生联结的重要性吗？此外，尽管我们经常会强调为了药物、农作物改良和生态系统服务（如清洁的水源和清新的空气）等关乎人类的直接经济利益而保护和保育生命之树，但这些方面的利害关系远不止于此。自然本身的内在价值需要得到保存——所有物种都很重要，且都有价值[79]。

许多作家在关于生物多样性保护和拯救生命之树的话题上进行道德论证（moral argument）。名言警句字字珠玑，散布于涉及这个话题的各个章节中，譬如“万物同一，各得其所，故君莫厚此薄彼”[93]。这种伦理和道义上的探讨有利于我们塑造关于生物多样性和生命之树的观念。蕾切尔·卡逊（Rachel Carson）、奥尔多·利奥波德（Aldo Leopold）和威尔逊等传奇人物已经进行了道德论证，而近期对此话题也有许多深思熟虑的研究，并做出了贡献[94]。

我们还有希望吗？你我若不前仆后继，希望就会渺茫[95]。威尔逊曾建议将地球的一半面积保留为自然或野生状态[91]。据目前的估计，地球仅有 17% 的面积被保护，看来我们依然任重道远。人类貌似并无兴趣为了子孙后代的未来而约束自己需求的增长，更不用说考虑其他物种了[85]，但人类也展现出通过合作解决复杂问题和实现变革的强大能力。每个人都可有所作为——若是我们都能对此做一点改善，并通过共同努力积小流以成江海，那么保护生命之树的巨大挑战是可以应对的。因此，生命之树还是有希望的。

第六章

生命之树的命运

在所有被称为“困难坚果”（difficult nut）的与环境恶化相关的难题中，最难破解的“坚果”是如下两个方面的“人类真能力”（real human capacity）：人们对以前在生活中至关重要但现在不再存在的东西（即自然环境）的不断遗忘，以及无法怀念我们从未经历或体验过的事物。长此以往，经过数代人之后，环境变得越来越无趣且越来越因缺乏多样性而显得单调，意料之外的惊喜越来越少；在我们周围动植物变得匮乏的同时，人们生活却变得丰富、旺盛。对于你们父母辈都快要忘记的自然环境，你们当然不会去怀念。那些现在你们觉得司空见惯、理所当然的事物，或那些正在慢慢消失的事物，你们的孩子如果不知道，当然无法感怀、哀叹。

——丹尼尔·科兹洛夫斯基（Daniel Kozlovsky），1974 年[1]

离去，不见，灭绝——正在消失的物种

在地球生物进化历程中，灭绝（即物种消失）是正常的组成部分，但这也是人们认识生命之树的一个主要威胁。地球上各个生命地质时间尺度（geologic timescale of life）的地层保存了大量已灭绝有机体的化石。据估计，地球上的生命历史约有 40 亿年，而这一进程中曾出现过的物种超过 99% 已灭绝[2-4]。尽管物种灭绝是一个正常过程，但对于不同物种，从其出现到灭绝所经历的时间存在极大差异。科学家们已经估测出一个在地球历史上相对稳定且典型的背景灭绝率（background rate of extinction）[5]。据粗略估计，一个物种在地球上通常存在 50 万～100 万年[3，6]。另一种呈现这个估测的方式是每年丧失的物种数目：在人类活动出现以前，物种灭绝的标准速率（standard rate）为每 100 万个物种中每年约 1 个物种灭绝。物种分化率在通常情况下会高于灭绝率，因此新物种产生的速率会超过物种丧失的速率。

然而在不同地质历史时期，灾变性事件（catastrophic event）曾导致地球多次在短时间内出现大规模的物种灭绝，也就是通常被称为“大灭绝”的集群灭绝（mass extinction）。地球上曾出现过五次此类事件，其中最知名的大灭绝是发生在白垩纪末期（约 6 600 万年前）的白垩纪—古近纪大灭绝（Cretaceous-Paleogene mass extinction），简称 K-Pg 大灭绝。这次大灭绝的起因被认为是地球受到小行星撞击[7，8]。此次大灭绝事件导致大量物种灭绝，其中以恐龙（仅有鸟类这一谱系保留下来）的灭绝最著名[9-13]。然而，在所估测的物种损失方面，其他几次大灭绝的影响超过 K-Pg 大灭绝（图 6.1）。其中，公认最严重的一次大灭绝发生

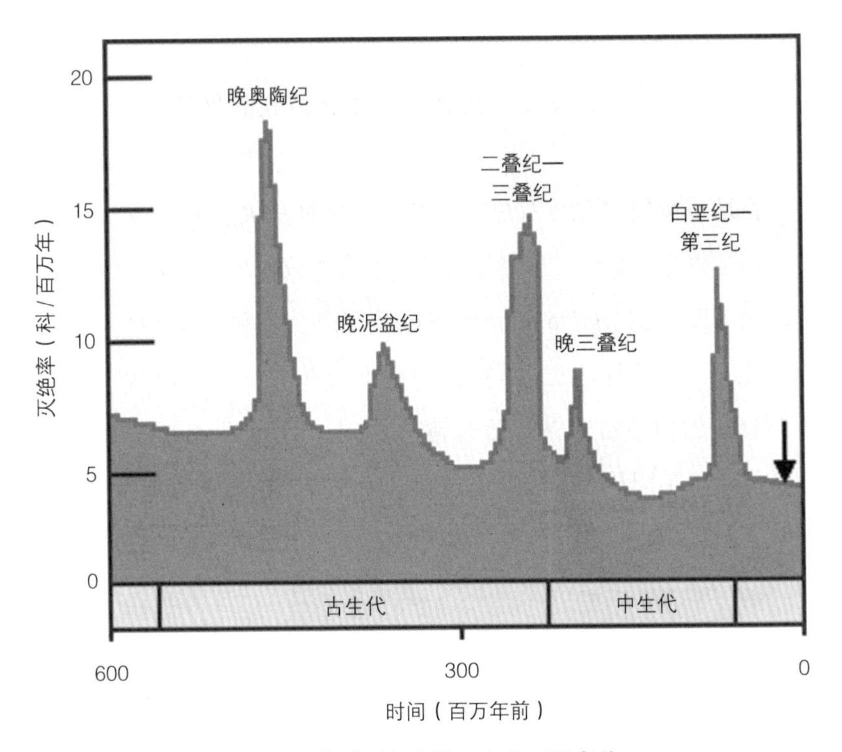

图 6.1 地球历史上的五次大灭绝事件

我们现在正处于第六次大灭绝早期，图中黑色箭头所指为人类世（更准确来说，箭头应该在最右侧边缘的正上方）。上图所示的白垩纪—第三纪大灭绝（Cretaceous-Tertiary extinction）等同于正文中提到的 K-Pg 大灭绝。图片来自维基百科自由共享资源。

在二叠纪末期（约 2.48 亿年前），当时约 96% 的物种遭到灭顶之灾，因此该事件有时也被称为“大死亡（The Great Dying）”，其过程与成因非常复杂，可能包括多个阶段、不同原因[14]。

欢迎来到第六次大灭绝

如今，地球正处于其第六次大灭绝事件的早期阶段，且无处不在[15，16]。很多研究者意识到，此次物种大灭绝的速度非常快，甚至超过地球历史上曾经发生过的任何一次大灭绝事件[15－22]。部分研究者的估测结果“揭示了生物多样性的丧失在近几个世纪之内变得异常快，这意味着第六次大灭绝已经开始发生”[19]。这一次大灭绝的发生毫无疑问与人类活动息息相关。有研究对这一事件进行了最好的总结[21]：“有证据表明，自从我们进化到可识别自身那时开始，人类就对其他物种产生灾难性的影响。”

研究者还注意到，现今较高的物种灭绝率不只是由人类活动所引发，而且有机体在所有环境中都受到影响：陆地和淡水生境都在急剧减少，近年来海洋环境也正发生着高速的物种灭绝（详见下文）。实际上，现阶段已经被认为是一个新的地质时期，即人类世（Anthropocene）。其英语来源于“Anthro”和“cene”，其中前者意为“人类”，后者意为“新的”。人类世是新地质年代，指人类活动正在以前所未有的范围和规模塑造全球景观，并广泛地影响生物多样性。该术语的流行始于2000年的一篇文献[23]；它当前已在文献中被广泛引用[15，16，19，24－28]，并成为很多热门网站的主题（www.smithsonianmag.com/science-nature/what-is-the-anthropocene-and-are-we-in-it-164801414/；www.anthropocene.info/short-films.php；www.theguardian.com/environment/2016/aug/29/declare-anthropocene-epoch-experts-urge-geological-congress-human-impact-earth）。

尽管“人类世”这个术语最近才被接受和广泛使用，但它有更久远的来源。早在20世纪之前，科学家就已经关注大规模的人类活动对生物多样性的影响。例如，在1873年，意大利地质学家安东尼奥·斯托帕尼（Antonio Stoppani）就强调，人类这个物种产生的全球性影响越来越大，而且他用“灵生代”（anthropozoic era，又称人生代）这个术语指代当今人类在地球上占主导的时代[29]。

对于人类世开始的确切时间，尽管有多种建议，但到目前为止还没有一种公认的观点[26]。其中一个建议是，将18世纪初的工业革命的开始和温室气体的排放作为人类世的起点[25，26]。然而，其他研究者则建议，将人类活动所主导的对土壤化学的改变作为人类世开端的标志可能更好，因为这方面的改变涉及众多特征，包括循环耕种、化肥的添加、各种污染物、平整土地、路堤建造，以及过度放牧和反复耕种引起的有机物的耗损[30－32]。

有研究者在近期对此前的各种人类世开始时间及其判断标准进行评估[26]。基于对众多因素的综合考虑，研究者倾向于将17世纪初作为人类世的开端。自那时起，来自旧世界和新世界①的人口和其他有机体开始了首次碰撞，促使在全球范围内发生重大变化。在美洲大陆，欧洲人的到来造成了人口前所未有的替换，而其规模在过去1.3万年内从未见过。美洲原住民遭受重创，并大规模地被欧洲人和稍晚一些的非洲人后裔所取代。随着全球贸易的发展，贸易路线首次将欧洲、美洲和中国连接起来，而这种连接对于各种生物也有深远影响。曾经局限在特定地理区域的主要粮食作物（包括玉米、小麦、马铃薯、甘蔗、各种豆类作物和木薯），开始遍布全球并被开发利用。同一时期，家养动物（如鸡、猪、牛和马）也以类似的扩散方式遍布全球。首次全球性的动植物入侵也主要发生在那个时期。很多我们在北美洲和南美洲常见的杂草，起初就是在那时候被人为引入的。这些事件共同导

① 旧世界（Old World）指亚洲、欧洲和非洲，而新世界（New World）指南美洲和北美洲（即西半球陆地）。——译者注

致了“一次在没有地质先例的情况下，发展迅速的地球生物激进重组（radical reorganization）”，因此将17世纪初作为人类世的开始是较为合适的选择[26]。

该项研究进一步提出，可将1610年作为人类世开始的一个精确时间，因为除上述因素外，当时大气CO_2浓度也存在明显的下降，这是生物学家可使用的一个独特标记（distinctive marker）[26]。CO_2浓度短暂下降的原因本身就是一个有趣的传奇故事。那时，随着人类在全球范围内的迁徙，各种疾病也被传播，引起世界范围内人口的急剧下降，随后导致农业用地和人类用火的减少，进而使得很多地区进行森林更新（reforestation）。1570—1620年间植被的大量增加导致当时大气中CO_2被大量吸收，因而在南极的冰芯中能检测出当时大气CO_2浓度存在一个明显的低谷—— 这是一个清晰、明确无误的标记。

困局之下

人类世给地球上许多其他物种带来了灭顶之灾。由人类活动所导致的其他物种消亡，大大超过对17世纪初人类世开始时所估测的数字。不少研究者认为，人类数千年来一直在造成其他物种的灭绝[21]。例如有证据显示，在接近更新纪晚期（约1万年前），人类已开始通过捕猎导致大量脊椎动物（主要是哺乳类）的灭绝[18, 28, 33, 34]。在这一时期，约有一半的大型陆生哺乳类灭绝（包括长毛象、巨型地懒等），这被称为巨动物群大灭绝（great megafauna extinction），而智人很可能是主要因素。驱动其他物种灭绝的趋势在深度和广度上都在不断地加强。例如，人类在占领热带的太平洋岛屿的3 000年间，造成了约

2 000 种鸟类及其 8 000 个岛屿种群的灭绝[35]。关于脊椎动物灭绝方面的研究相当充足，在从人类世开始（按上述 2015 年的研究所提议的 1610 年）之前到如今的近 600 年间，哺乳类、鸟类和其他脊椎动物的丧失存在明显的持续增加趋势（图 6.2）。

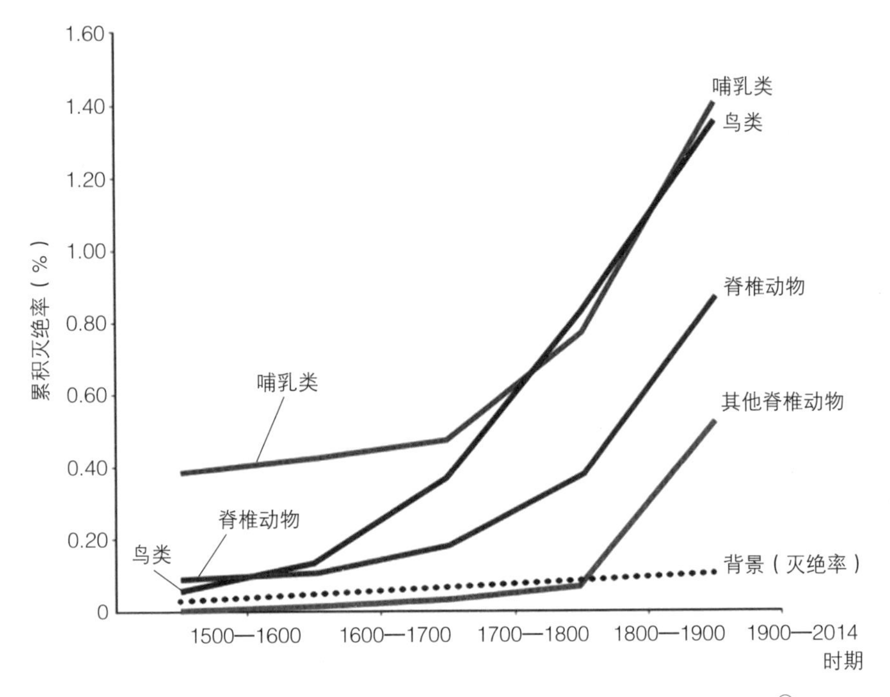

图 6.2 累积灭绝率占 IUCN 所评估物种的百分比与时间间隔的关系①

图中脊椎动物随时间的灭绝趋势，揭示在人类活动影响下近期的加速灭绝。图片基于参考文献［19］中的原图 1 改绘。

当今的灭绝率究竟有多高？国际自然保护联盟（IUCN）为物种的灭绝率提供了六个不同评估等级：无危、近危、易危、濒危、极危和灭绝。根据一项研究的总结，截至 2014 年 3 月，IUCN 已经评估了

① 英文原版和原始文献对图中动物分类均为如此。——译者注

71 576 个物种，主要为陆地和淡水中的物种[17]：“860 个物种已灭绝或野外灭绝；21 186 个物种受到灭绝威胁，其中 4 286 个物种极危。”陆地受威胁的物种比例差别极大，其中鸟类约 13%，爬行类约 31%，鱼类约 37%，受威胁比例最高的两栖类和裸子植物（指没有花的种子植物，即松柏类植物）都达 41%。在有花植物中，约有 20% 的物种受到灭绝威胁[36]，但若考虑到大量尚未被命名的有花植物（详见下文），30% 可能是更准确的估计值[37]。对淡水物种而言，淡水哺乳类和鱼类的受威胁程度为 23%，水生爬行类为 39%[17]。另外，其他一些估测结果认为，大约一半的已知物种到 21 世纪末将面临灭绝威胁（www.theguardian.com/environment/2017/feb/25/half-all-species-extinct-end-century-vatican-conference）。

对不同生物类群灭绝风险（extinction risk）的估测结果有明显差异，意味着人类世对生命之树相关谱系的生存有着不同程度的影响和威胁。可能两栖类是陆地生物中面临灭绝威胁最大的类群，在现存的约 7 000 种两栖类中，1/3 以上正面临灭绝风险。据估计，两栖类现今的灭绝率可能是标准背景灭绝率的 2.5 万倍[27, 38]。两栖类被称为“煤矿中的金丝雀”，它们可以作为世界范围内物种灭绝的指示类群，不过也有研究对此提出了质疑，认为尽管某些两栖类可以作为良好的环境指示种，但其他有机体（如浮游生物）可能对环境变化更敏感[39]。

这些估测值和公认的典型灭绝率有什么区别？虽然不同研究人员所做的灭绝率的估测结果差异很大，但普遍接受的一个估测结果是，现在的灭绝率比上文中提及的典型标准背景灭绝率[5, 17]高 1 000 倍。换言之，依据现今灭绝率，每 24 小时就有大约 150～200 个物种灭绝（www.theguardian.com/environment/2010/aug/16/nature-economic-security）。

研究者普遍认为，灭绝的情况将会变得更糟，未来的灭绝率预计会比常态的灭绝率高 1 万倍[5]，这是一个值得警醒的结果。所有这些对灭绝率的估测都比人类世之前的典型背景灭绝率高很多。

其他研究表明，我们总体上可能低估了灭绝的影响，因为灭绝的记录只针对已命名物种，即我们所知道的物种，但实际上仍存在大量生物未被发现和命名（见第四章：已命名物种约有 230 万种，而当前在地球上生存着的物种数量很可能超过 1 000 万，甚至有些估计达到 1 亿）。因此，还有研究认为，我们对未命名物种的灭绝率可能低估了 20%，甚至更多[40]。例如，假设实际上地球上有 1 亿个物种，现在每年灭绝的物种数量可能在 1 万～10 万种之间（http://wwf.panda.org/our_work/biodiversity/biodiversity/）。

人类作为地球上的主导物种，除了要弄清楚在过去 200 年内有详细记录的灭绝物种外，还需要评估有多少物种即将灭绝，以及哪些是从未被科学所知的、尚未被描述或命名的物种。已经有上千个物种由于人类活动的影响而灭绝，更有成千上万个物种面临灭绝风险，其中包括很多从未被发现、命名、研究过的物种，而我们也永远不会知道它们曾经存在过。很多未知的物种已经或即将消失，而它们的生物和化学属性可能直接或间接地对人类自身是有益的。

有一点需要明确指出的是，很多科学家注意到，对现今和将来物种灭绝的估测还存在很多不确定性[17]。例如，有研究指出[17]，早期的一些估测[15]由于研究者采用的几种方法造成不确定性太高，但却与其他研究者得出的现今灭绝率可能是背景灭绝速率 1 000 倍的结论[40]大体一致。不确定性是科学研究进程中的重要成分。科学家明确指出，预测的灭绝率会有较大偏差，这种偏差在同一研究和不同研究中都能看到[41]。尽管严谨的科学必然提供这种不确定性，但不幸的是，严谨的科学及其不确定性可能会被人利用以质疑总体结论。然而，毋庸置疑的是，即便是最保守的估计，现今物种灭绝率也非常高，对未来物种灭绝率的估计则会更高——这是大家一致认同的观点[42]，即物种灭绝的速度与世界人口的火箭式上升紧密相关（图 6.3）。

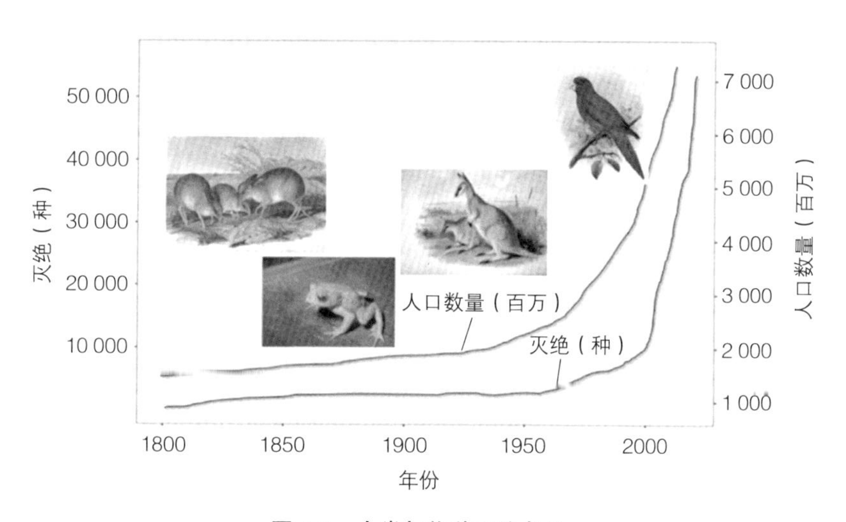

图 6.3 人类与物种灭绝危机

自公元 1800 年以来的灭绝物种数估计与人口增长的相关性。图片改绘自参考文献［42］。

人类世确实已经到来，如同英文老歌所唱“You ain’t seen nothing yet”（你并不是什么都没看见）。这些关于物种灭绝率的数据应该让所有人感到震惊。即便不少物种暂时还未面临明显的灭绝风险，但其种群数量也在急剧减少。有研究者用惊人的统计数据指出，全球范围内的所有陆生脊椎动物的种群数量都在减少，即便是最近认为灭绝风险尚低或无危的物种现在也正受到威胁[24]。他们的结果表明，32% 的脊椎动物的种群数量正在减少；对哺乳类而言，所有物种的分布区都减少了 30% 或更多，40% 的物种面临大规模的种群衰退问题。引用他们的话来说，就是："除了全球性的物种灭绝，地球还在经历着一大波种群的减少和局部灭绝（extirpation），这将对人类文明赖以延续的生态系统的功能发挥和服务有一连串负面的级联后果（cascading consequence）。"他们称人类世的这一阶段为"生物湮灭（biological annihilation）"，以强调正在发生的物种局部灭绝的严重程度。

有些人对灭绝危机不予理会，认为"灭绝是正常现象"，并补充说"灭绝为其他物种提供了进化和填补空白的机会"。这种以人类为中心的论调有诸多问题。灭绝的确是"正常现象"；在千百万年的进程中，新种的形成速率比物种灭绝率略高。然而毫无疑问的是，现今人为因素导致的灭绝率并不"正常"。一个比背景灭绝率高 1 000 倍，并还在上升的灭绝率不是"正常的"，而是令人惊恐的，代表着一个新的大灭绝时期的到来。之前的每一次大灭绝都显著改变了当时的生态状况，引起了生态系统的崩溃，占主导地位的生命谱系（类群）消失，再经过千百万年由其他谱系的崛起而被代替，其中众所周知的是白垩纪末期的 K-Pg 大灭绝中的恐龙灭绝之后，哺乳类的崛起。这样的谱系替换事件在之前地球上所经历过的五次大灭绝中都有发生。人们可能会问，假设按这样的趋势继续发展下去，人类世后会是什么生命谱系最终代替现在占主导地位的智人呢？此外，新种也需要多个千百万年的时间来填补灭绝留下的空白，而这个过程并不是一蹴而就的。

无一幸免的生态系统——海洋物种面临日益严重的灭绝威胁

如前所述，陆地生物多样性经历了上千年的剧烈下降，海洋生物多样性也相似[20, 43]。评估海洋环境中的灭绝率和灭绝风险要比陆地环境更加

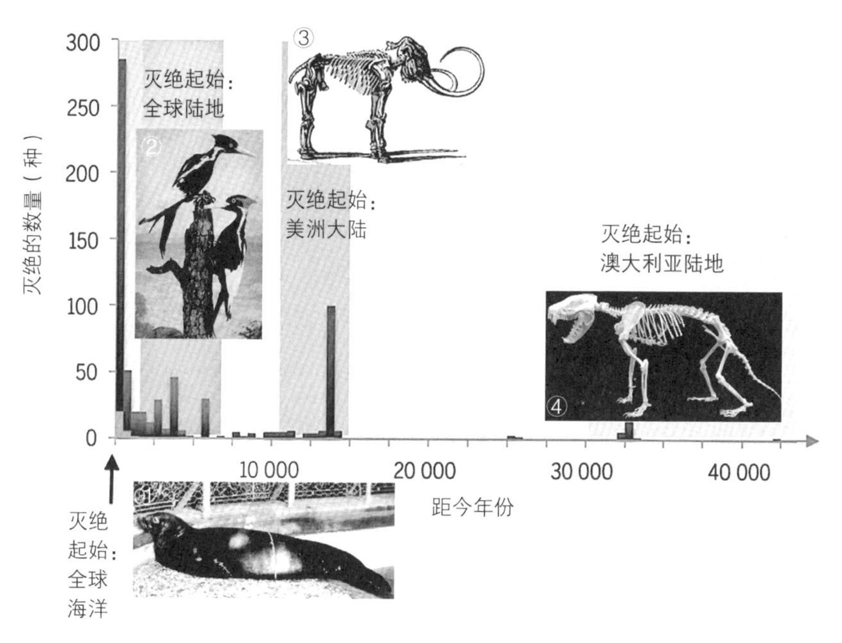

图 6.4　无一幸免的生态系统

尽管历史上大多数由人类导致的灭绝主要集中在陆地，但近期发现，人类活动同样影响到海洋。图片改绘自参考文献［43］的原图 1。图内的动物名称及其来源：① 美洲最近灭绝的加勒比僧海豹（*Neomonachus tropicalis* Gray): https://upload.wikimedia.org/wikipedia/commons/2/21/Cms-newyorkzoologicalsociety1910.jpg；② 象牙喙啄木鸟（*Campephilus principalis* L.）: https://upload.wikimedia.org/wikipedia/commons/c/c0/Nature_neighbors%2C_embracing_birds%2C_plants%2C_animals%2C_minerals%2C_in_natural_colors_by_color_photography%2C_containing_articles_by_Gerald_Alan_Abbott%2C_Dr._Albert_Schneider%2C_William_Kerr_Higley_and_other_%2814727934526%29.jpg；③ 猛犸象（*Mammuthus primigenius* Blumenbach；已灭绝，原分布于北美洲和欧亚大陆）: https://ru.wikipedia.org/wiki/Мамонты#/media/File: PSM_V21_D509_Skeleton_of_a_mammoth.jpg；④ 袋獾（*Sarcophilus harrisii* Boitard，也被称为塔斯马尼亚恶魔）: https://en. wikipedia.org/wiki/Tasmanian_devil#/media/File: Tasmanian_devil_skeleton.jpg。

困难[17]。有数据表明，海洋环境面临的威胁出现相对较晚（图 6.4）[43]。迄今为止，人类直接引起的海洋物种灭绝相对较少，但威胁却在急剧增大。海洋环境的统计数据很令人担忧，在 6 041 种有充分数据可用于灭绝风险评估的物种中，16% 受到威胁，9% 近危，而且这种情形大多由于人类的过度利用、生境丧失和气候变化的影响所致（www.iucnredlist.org）[44]。此外，海洋中的大型生物受威胁程度更大，这将对生态系统的健康和其他物种产生特别有害的下游效应（downstream effects）[17]，这正如海獭的故事一样（见下文——“没有任何物种是孤立的”）。

人类不仅在改变陆地景观，而且对地球上每一处大洋的海洋生物和海洋功能都产生巨大影响[43]。现今的趋势表明“海洋毁动物群率（marine defaunation rate）将随着人类对海洋的工业化利用而加剧”（“毁动物群”是某个特定区域已被消灭的动物群）[43]。对海洋生物的主要威胁并不只是人类对海洋鱼类和哺乳类的捕捞，还有来自正在全球范围内愈演愈烈的生境破坏，此外更是受到气候变化的影响[43]。珊瑚礁可能是海洋环境中最重要且最受严重威胁的成分（详见下文）。

灭绝的原因

目前已有大量论文和图书关注现代人为因素导致的物种灭绝的程度和原因，以及物种在人类世受到的危害[21]。深入讨论威胁物种生存的所有原因会超出本书的范围，在这里我们只强调其中的一些因素：生境丧失、气候变化和病原体的侵入。大量优秀的图书和论文都以最近的物种灭绝为主题，包括威尔逊的研究和一系列关于单个物种灭绝的图书，例如曾是北美洲几个世纪前最常见鸟类的旅鸽的灭绝[45]和近期白鳍豚的灭绝[46]，而人类近亲——类人猿正在遭受严重的毁灭，很可能在未来100年内从自然中消失[47]，以及高大的铁杉也在迅速消失（详见下文）[48]。

生境丧失

生物的生存面临着众多威胁，包括生境丧失、空气和水污染、气候变化、引入种的负面影响和疾病等。尽管如此，促使物种消失的最主要因素还是全球范围内人口的增长（图 6.3）。在人类历史上曾经有很多个世纪，世界人口数量都在 50 万以下。直到 1800 年前后，世界人口数量才达到 10 亿，但随后增长迅猛；2017 年全球人口估计为 75 亿；到 2050 年，预计为 90 亿。在很多地区，人口的增长也伴随着人均消费的增加。总之，人口的增长导致了生境破坏和许多物种的种群数量的减少[17]。“这些趋势在未来的持续时间、影响范围和速度，将会主导物种灭绝的场景（进程和规模），给保护生物多样性的努力带来巨大挑战”[17]。

全球范围内对自然生境的破坏是物种生存的主要威胁（www.iucn.org）[17]。文献中一些图表令人非常震惊。地球上约 45% 的陆地面积已被用作粮食生产，而这个比例估计在 1700 年时是 7%[49, 50]。在 1997 年，50% 的地球陆地表面被不同程度地改造为人类所用[49]。对全球超过 100 个国家的分析表明，利用人口密度可以高度准确地预测濒危的哺乳类和鸟类的数目[51]。随着人口的大量增加，同时人类扩展其在地球上已经巨大的足迹（footprint），其后果就是自然中的物种加速消失。

此外，陆地被认为是可容纳最多物种的生境，然而我们正对这个生境进行肆意破坏[52]。相关研究注意到，可能地球上全部物种的 2/3 分布在热带，尤其在热带雨林[52]。据估计，这些热带雨林曾经覆盖约 1 400 万～1 800 万平方千米，然而现在仅有一半面积被完整保留下来。在过去几十年间，热带雨林的消失速度非常快，大约每 5～10 年消失

100 万平方千米[52]。

其他陆地生境同样正面临破坏和物种消失，其中农业用地的增加是导致这一结果的主要原因[53]。被当作农业用地的一个原始生境是草地（grassland），它是一个主要的全球性生境型，也被称为大草原（prairie）、草原（steppe）。草地曾经约占地球陆地面积的 30%，但如今大多数草地已经被当作农业用地和牧场，只有约 2% 的原始草地在北美洲得以保存。在全球现存的草地中，仅有 8% 得到保护，这一点非常令人担忧。那些大草原上有众多代表性动植物，但它们同样经历着物种的迅速消失和灭绝（在北美洲，最典型的例子是美洲野牛）。

气候变化

相关研究曾强调气候变化有非常“广阔的足迹”（broad footprint），以及它对生物多样性有巨大的影响[54]。气候变化已经显示出对于地球上所有生态系统的影响[54]。一些最为人们所熟知的物种响应气候变化的例子通常会涉及其地理范围的变化。山区的植物持续地向上迁移到更高的海拔，但最终会消失[55-57]。例如在过去的 200 年间，厄瓜多尔的钦博拉索火山（Chimborazo volcano）上的植物往更高海拔迁移了超过 500 米。

在有历史记载的物种响应气候变化例子中，最有名的例子之一是温带地区植物的提早开花现象（图 6.5）[58]。相关研究跟踪了世界范围内植物花期发生的巨大变化，其中利用的一个关键资源是压制的植物标本[58-60]。植物学家长期努力采集、压制和保存植物标本，最终将标本黏附在标本台纸上储存。在世界范围内，有千百万份这样的植物压制标本（也被称作植物腊叶保藏标本，见图 4.7），它们都是在过去的

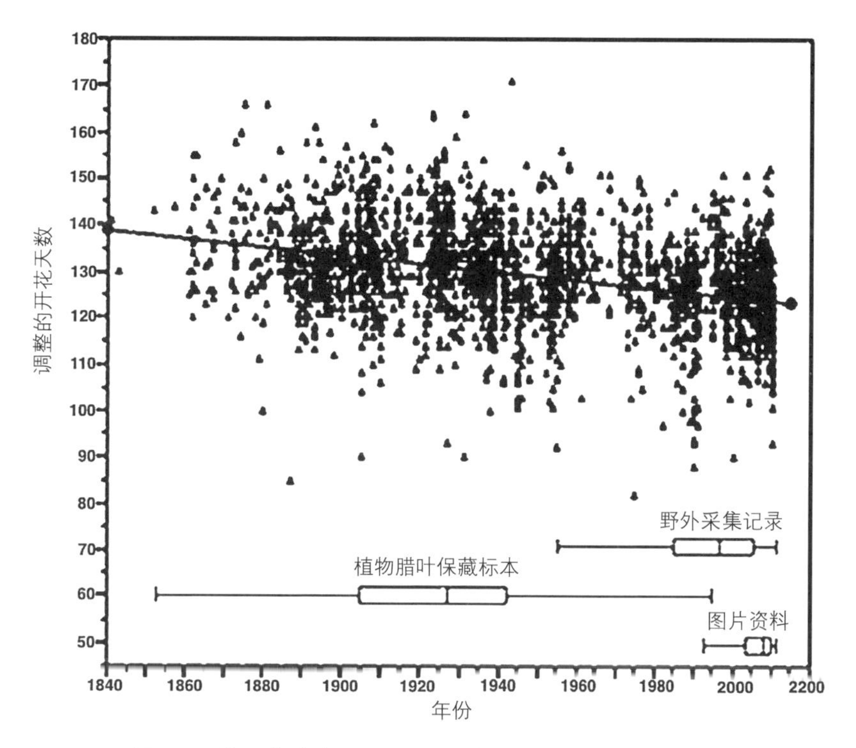

图 6.5　美国费城地区 28 种植物的开花日期随年份的变化

图中揭示出，植物为了响应气候的变化，开花时间越来越早。这个例子分别基于植物标本数据（占 63% 的数据点，1841—2010 年）、野外调查数据（占 26% 的数据点，1841—2010 年）和图片资料（占 11% 的数据点，1977—2010 年）。图片引自参考文献［58］中的原图 1。

几百年间陆续收集的。这些收集到的标本非常有助于检验在特定地区较长时期内的植物开花时间，而且这些数据还可与野外采集记录和照片结合使用。总体上，这些数据表明在许多地区，植物开花时间变得越来越早[60, 61]。例如，超过一个世纪的植物收集记录显示，美国东南部的植物开花时间会随着温度的变化而变化[62]。与之类似，植物学家依据著名作家和博物学家梭罗在 1852—1858 年间对瓦尔登湖的植物进行的详细观察记录，发现如今美国马萨诸塞州康科德（Concord）的植物开花时间与过去相比提前了 1 周，并认定开花时间的提前与开花前 1～2 个月该地平均气温上升相关[63]。

然而，在有些情形中，同域分布且亲缘关系较近的物种在对气候响应上差别很大，这表明生物在响应气候变化上存在复杂的机制。此外，气候变化导致的时间（时序）移位可能会给那些相互作用密切的物种带来毁灭性的后果。例如，气候变化会影响鸟类筑巢的环境线索，从而导致食物供应错配——被亲鸟用于喂养幼雏的昆虫，出现得比鸟类筑巢周期更早[64]。

一个极度令人担忧的情形是，许多“健康”的物种也会经历局部的种群灭绝，并且近期的研究表明这些种群灭绝事件的确由气候变化引起[24, 65]。此外，这样的种群灭绝事件已经在上百个物种中发生，遍布所有气候带和所有检测过的生命谱系，并且热带地区的灭绝频率显著高于温带地区。其他研究也发现，热带地区物种面临的由气候变化引起的总体威胁比其他地区更高（图 6.6A，彩图 6.6A）[66]。还有研究注意到，这种气候变化引起的大范围的局部种群灭绝令人担忧，因为“与预测的未来 100 年相比，目前气候变化的水平是相对温和的”[65]。毫无疑问，在未来的数十年中，这种与气候相关的灭绝随着全球变暖将会变得更普遍[65, 66]。据估计，根据对未来 20 年的气候预测，有 1/6 的物种所面临的灭绝风险将大大增加[66]。

气候变化对生态系统的影响方面，常常举陆地生态系统的例子，但气候变化带来威胁的一个绝佳例子发生在与珊瑚相关的海洋生态系统中。珊瑚礁被誉为海洋中的“热带雨林”，它们为成千上万个海洋物种提供生境，并且对许多物种来说是唯一的生境[67]。大部分珊瑚是二元有机体（dual organism），由一种属于刺胞动物门（Cnidaria）的

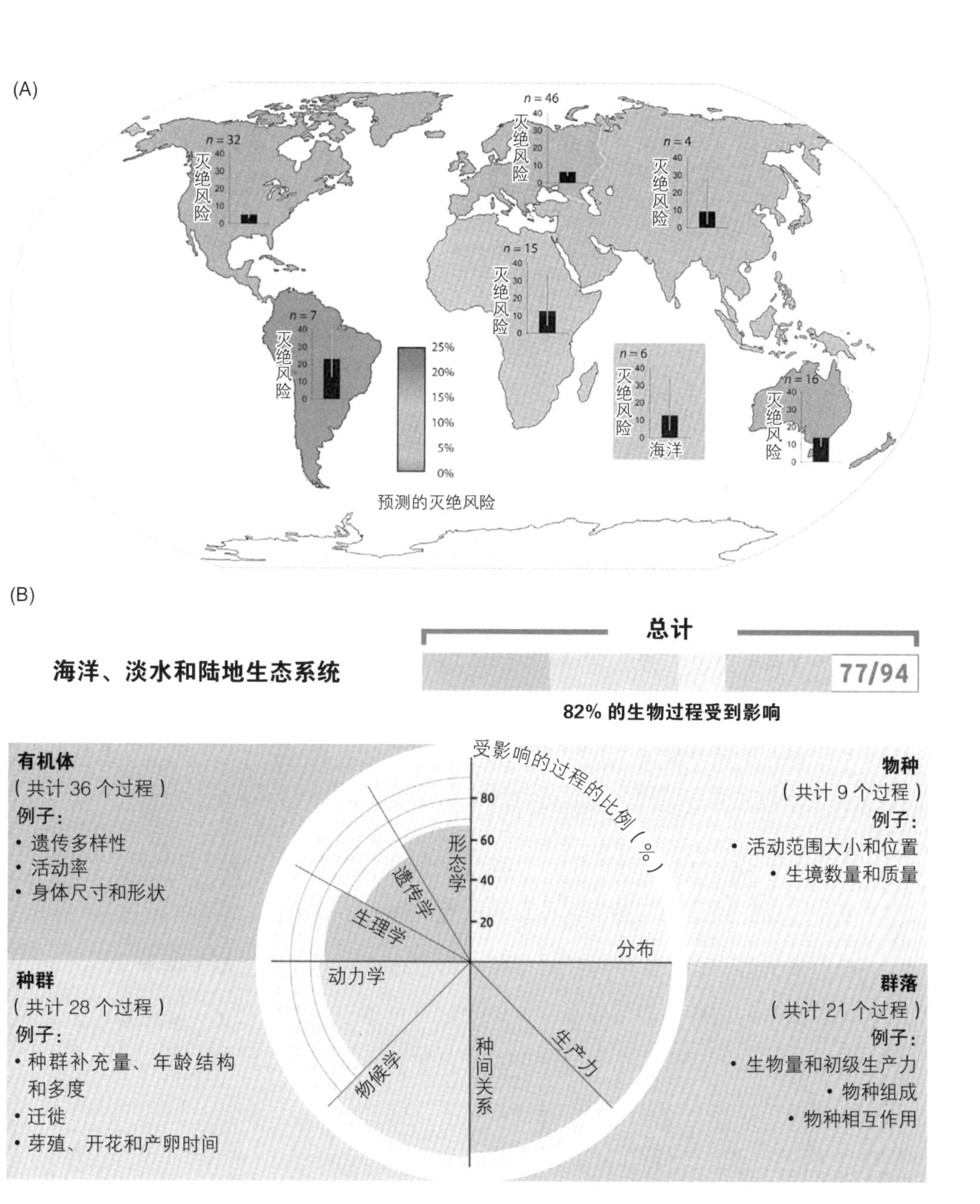

图 6.6　气候变化对生物多样性的影响

（A）全球范围内气候变化对生物多样性和生命之树影响（灭绝风险）的预测因地区不同而不同，其中一些地区（如热带）比其他地区受到更大的影响（参见彩图 6.6A）。图片改绘自参考文献［66］中的原图 3。（B）气候变化对不同层次的生物组织（biological organization）（如生理、遗传变异和分布）产生的巨大影响——“大足迹”（large footprint）。图片改绘自参考文献［54］，由该文献作者惠赠。

海洋无脊椎动物和甲藻（dinoflagellate，一种光合单细胞有机体）组成[67]。甲藻为珊瑚提供食物，这让珊瑚长得比它们原本的体积更大，而甲藻则获得一个由碳酸钙沉积形成、名副其实的堡垒。这种密切的共生关系早在5.42亿年前的寒武纪时期便已存在，并在1亿年前扩散开来[67－69]。珊瑚白化是当水温过高时，作为共生体（symbiosis）一部分的甲藻被喷射出去，导致珊瑚失去华丽的色彩并最终死去。根据现在的估算，许多珊瑚礁和它们所支持的丰富的海洋生命只能再维持几十年[16，70]，而这样一个长期的成功组合竟然被由人类导致的海洋变暖给破坏了（见下文）。

但是，就像有些研究[54]强调的那样，气候变化的影响“已超出了物种分布的既定承受范围（well-established shift）和物候与种群动态的变化，还包括从基因到生态系统层次的破坏”。在该项研究所监测的94个生物和生态过程中，有证据表明其中的82%受到气候变化影响（图6.6B），这是一个令人感到担忧的数据[54]。简言之，气候变化的影响已经在生命之树上无处不在。例如，气候变化影响物种的生理和形态，其中包括陆地上的物种性别比例的改变；在水生环境中，物种的体型在高温下趋于变小。值得注意的是，物种在分布和多度上都会发生变化。温带的植物开花时间会早些，水生有机体也有类似变化。适应温暖环境的物种正在经历大幅度的分布扩张，而适应寒冷环境的物种的分布范围却在急剧收缩。这样的后果是，随着热带物种扩张到温带和北方带的物种将向极地推进，新的群落正在出现。

气候变化除了对生物多样性和生命之树的健康带来主要影响以外，它的诸多效应会直接影响我们人类自身[54]。相关研究者指出[54]：“已观察到气候变化在不同层次的生物组织上产生的许多影响，最终都会增加人类未来的不可预测性。”这些影响广泛存在，伴随着巨大的经济影响，包括作物产量的不稳定、渔业和水果产量的下降、粮食安全的总体威胁、疾病媒介分布的变化和新病原体的出现。第五章已经详细地讨论过生命之树对我们人类的重要性。由于生物多样性和生命之树知识至关重要，相对于简单地应对气候导致的生物多样性的变化，更迫切的需要是能预测可能的后果。实际上，科学家现在正致力于改善模型，以便更好地预测气候变化对生物多样性产生的影响，从而提前做出应对[71]。

“似曾相识”：一个家族对物种灭亡的见证

如何让人们意识到物种灭绝有重大影响？我们是否已经对关于物种消失和生境丧失的报道感到麻木？未来几十年将要崩溃的会是珊瑚礁系统和它们所支撑的大量物种，其中包括我们赖以生存的渔业，或是与作物产量直接相关的蜜蜂和其他传粉者的消失？怎么才能让人们更关注这些问题呢？有人提出，让公众关注物种灭绝的最好方法之一就是用与人类实际状况密切联系的亲身经历[21]。许多标志性物种灭绝的例子已经被其他文献很好地回顾，例如象牙喙啄木鸟和旅鸽。这里不再回顾这些内容，而我们将给出让每个人都有更深切体会的一个家族所遭遇的真实故事。

在本章开始处的引语中，丹尼尔·科兹洛夫斯基写道“对于你们父母辈都快要忘记的自然环境，你们当然不会去怀念。那些现在你们觉得司空见惯、理所当然的事物，或那些正在慢慢消失的事物，你们的孩子如果不知道，当然无法感怀、哀叹”[1]，而我们将用发生在北美洲的一段仅仅跨越3～4代人的真实经历作为案例。历史在这一区域快速重演（在世界上其他地区也是如此），一个接一个的乡土“森林巨人”（forest giant）① 正在消失，这主要是这种本地树种无法对引入种做出反应的典型结果，从而大量被毁灭。用尤吉 · 贝拉 ② 的一句话来说，“这就像似曾相识”（It’s like déjà vu all over again.）。在此有一些例子是我们的家族经历过的。

直到 20 世纪初，北美洲东部许多森林的大部分还是美洲栗（*Castanea Americana*）占主导。这是一种巨大、雄伟的乔木，与橡树和山毛榉同属一个科（图 6.7）[72]。由于美国在 1904 年无意间从日本引

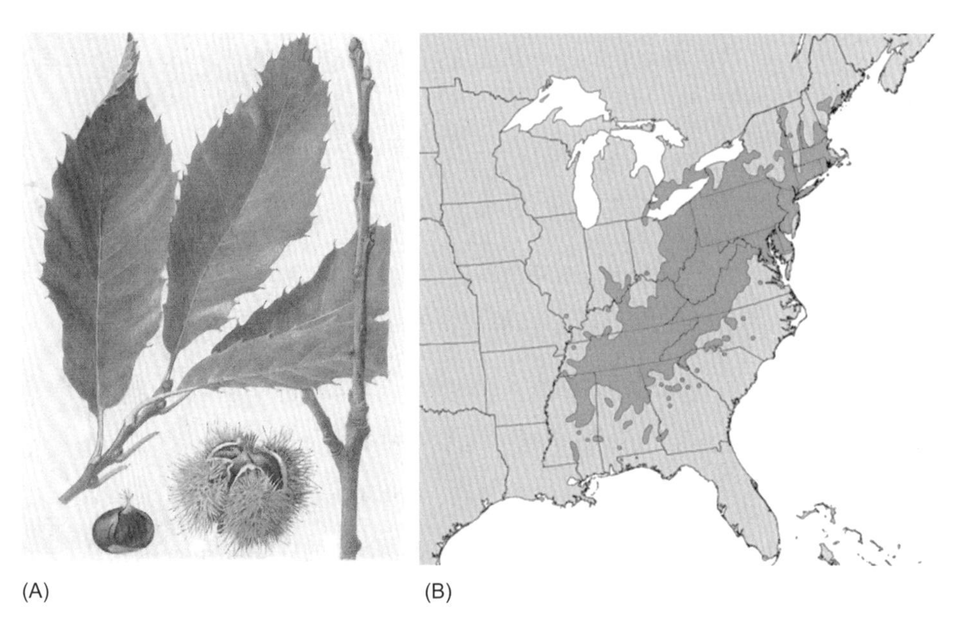

图 6.7 美洲栗及其在美国东部的历史分布

（A）美洲栗的枝、叶、果实和种子。（B）美洲栗在美国东部的历史分布（图中深灰色区域）。图片来自维基百科自由共享资源。

① “森林巨人”在北美洲指代植株高大的铁杉。——译者注

② 尤吉 · 贝拉（Yogi Berra）是美国纽约洋基队的著名棒球运动员。——译者注

入一种真菌，这些美洲栗在 20 世纪早期快速减少；至 1940 年，北美洲东部的大部分美洲栗已经消失。这些真菌引起了植物传染病——栗疫病（chestnut blight），导致约 40 亿棵美洲栗在短短几十年内死亡。美洲栗曾经是一个森林优势树种，据估计在美国东部一些地区，在栗疫病发生前每 4 棵树中就有 1 棵是美洲栗[73]。我们的祖父母在他们非常年轻时，曾经看到以美洲栗占优势的森林，但到他们成年时，这些树就完全消失了，而我们已没有机会看到这些雄伟的树和森林了（即便目前科学家正在尝试通过遗传学方法努力使这种栗树回归，详见 www.acf.org）。

北美洲东部接下来经历了另一个主要森林树种——美洲榆（*Ulmus americana*）的大量消失（图 6.8）。这是经常种植在城市街边、相当

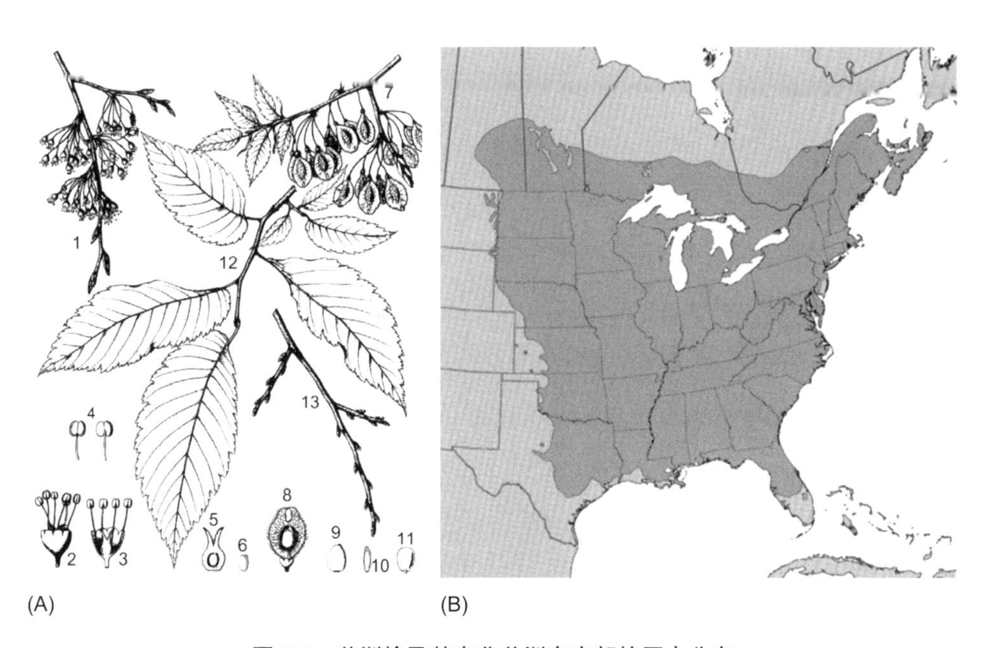

图 6.8 美洲榆及其在北美洲东南部的历史分布

（A）美洲榆各个器官解剖图。（B）美洲榆在北美洲东南部的历史分布（www.forestry.gov.uk/fr/beeh-9u2k3p）（图中深灰色区域）。图片来自维基百科自由共享资源。

雄伟的树种，它们高高的拱形树枝形成大教堂般的穹顶，而街道犹如教堂中的绿色通道。美洲榆就像之前的美洲栗，因一种意外地从亚洲引入到北美洲和欧洲的真菌而致死。这种植物疾病——榆树荷兰病（Dutch elm disease，得名于鉴定出这种真菌的科学家来自荷兰）是由甲虫传播的，而美国于1928年首次报道它的出现。在1930年时，美洲榆在北美洲估计有7 700万棵，但到1989年时已经减少了75%[74]。我们的父母对这些树很了解；尽管我们在青年时期没有体验过这些森林的广阔，但我们目睹了美洲榆的死亡，仿佛是一夜之间发生的事情。欧洲的榆树同样遭受灭顶之灾：在10年内，仅英国就有超过2 000万棵榆树死亡；在法国，超过90%的榆树死亡；整个欧洲可能有6 000万棵榆树因该病死亡。

北美疏林地带另一个雄伟的“巨人”树种——加拿大铁杉（*Tsuga canadensis*）也在经受持续的巨大伤害，正从阿巴拉契亚山脉（Appalachian Mountains）和新英格兰地区消失（图6.9）。这是北美洲东部株型最大的一种乡土松科植物，长得十分高大，高度会超过100英尺（约30.48米），树龄可达数百岁，并形成了广阔的森林。我们对这些令人印象深刻的森林了如指掌，曾经作为年轻的大学生在阿巴拉契亚山脉和新英格兰地区徒步旅行，但现在这里的许多地方只留下加拿大铁杉的巨大残骸。这种曾经占据优势地位的森林树种如今成了一种从亚洲引进、吸取树汁的小昆虫——铁杉球蚜（woolly adelgid）的受害者[75]。这种小昆虫首次在1924年被引入北美洲，然后于20世纪70年代在大范围的加拿大铁杉中被发现。如今，加拿大铁杉90%的分布区已经受到球蚜影响，剩余的大部分分布区也可能被这种昆虫侵袭；这种伟岸的铁杉将很快从其大部分本土分布区消失。你我的孩子将再

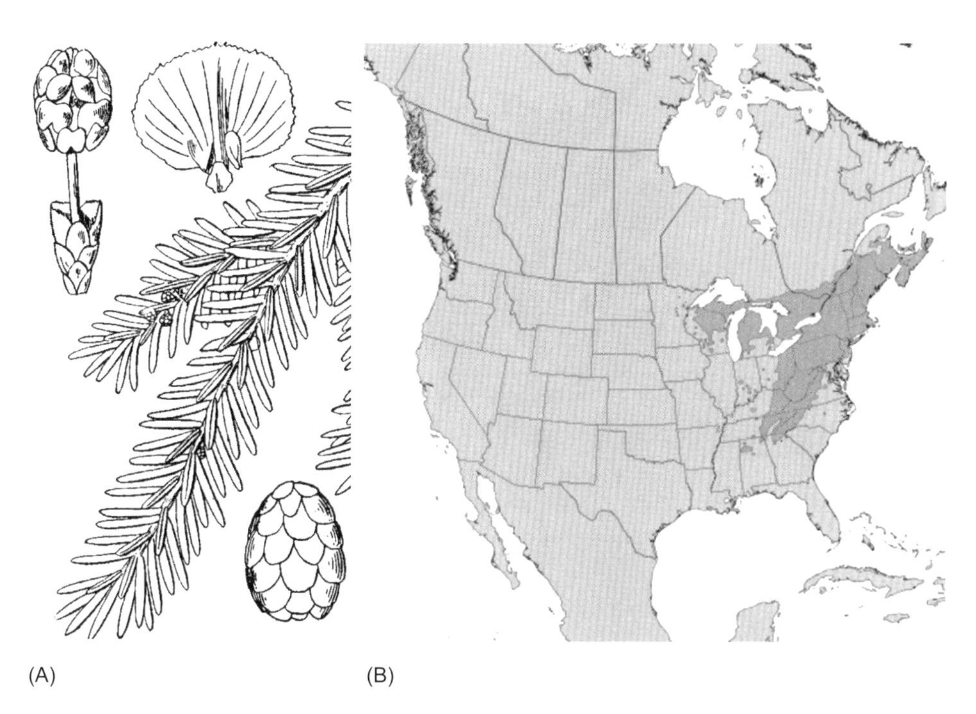

图 6.9　加拿大铁杉及其在北美洲东南部的历史分布

（A）加拿大铁杉的枝叶和果实。（B）加拿大铁杉在北美洲东南部的历史分布（图中深灰色区域）。图片来自维基百科自由共享资源。

也没有机会体验到这个树种的壮丽，更不用说由它们组成的森林了。

还有一些不被我们熟知、不显眼的物种，也在经历着与美洲栗、美洲榆和加拿大铁杉一样的命运。红桂鳄梨（*Persea borbonia*）是美国东南部标志性的小型树种，与鳄梨（*Persea americana*）同属。在过去 20 年内，红桂鳄梨因月桂枯萎病（laurel wilt disease）而大量死亡[76-78]（图 6.10，彩图 6.10B）。红桂鳄梨正在被一种真菌所毁灭，而这种真菌通过与其共生的甲虫进行传播。这些甲虫和真菌都原产于东南亚和印度，于 2002 年首次在美国佐治亚州被检测到，然后扩散到美国东南部[79]；在佛罗里达州，这种甲虫于 2005 年首次被发现[80]。这种甲虫每年在森林中的移动距离长达 34 英里[78]，而且它已扩散到密西西比州[81]。随后，红桂鳄梨就消失

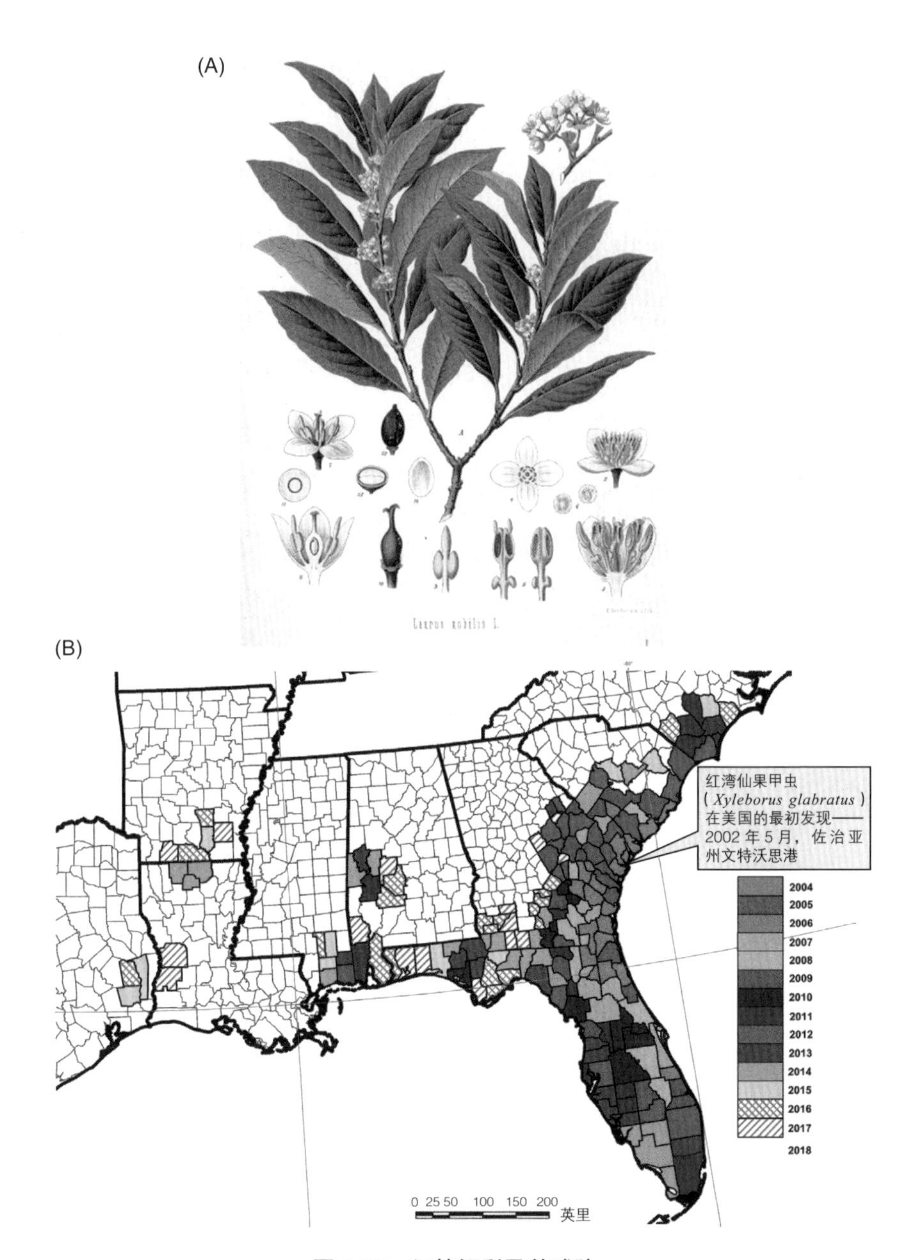

图 6.10　红桂鳄梨及其威胁

（A）红桂鳄梨的器官解剖。图片来自维基百科自由共享资源。（B）能杀死红桂鳄梨的真菌及其共生的甲虫在美国本土蔓延的范围（参见彩图 6.10B）。图片改绘自如下资料：www.google.com/search?q=spread+oflaurel+wilt+disease&source=lnms&tbm=isch&sa=X&ved=50ahUKEwjP-fXN0pzdAhUKCawKHZIAAiIQ_AUICigB&biw=1157&bih=452#imgrc=p3GDT3fLGR5L6M。

了，就像美洲栗一样被毁灭。红桂鳄梨在过去很常见，就连我们的孩子都知道；现在它们死去的树干像垃圾一样遍布佛罗里达州。我们孩子的孩子们还有机会欣赏到红桂鳄梨吗？然而，美国东南部的大部分人还没意识到红桂鳄梨正在大量消失。引入的这种真菌在杀死红桂鳄梨的同时，也杀死了分布于北美洲的樟科其他物种，包括著名的白檫木。如果这个甲虫—真菌组合传播得更远，那么佛罗里达州南部的鳄梨产业就会如同新大陆热带地区成百上千种的樟科植物一样受到威胁[77, 82]。

就像我们这代人没能体验到美洲栗占优势的森林的壮丽一样，我们的子孙也不能在这里欣赏或赞美我们曾经视为理所当然的榆树、铁杉和红桂鳄梨的森林。下一个受威胁的标志性森林物种是什么？近期，因另一种昆虫——翡翠白蜡虫（*Agrilus planipennis*）的大举入侵，梣属的植物正在从我们的森林中消失（www.nps.gov/articles/ash-tree-update.htm）。仅北美洲的森林就有 300 多个引入种，它们将会带来严重的威胁[83]。

没有任何物种是孤立的

就像许多研究者提到的，一个特定物种的丧失或个体大量消失都将会对其他物种产生重大影响，而这些受到影响的物种也将经历种群衰退甚至灭绝。历史上已有许多这样的例子，一个物种的丧失会对其他物种或与其有相互作用的物种产生级联效应或连锁反应[20, 84-88]。当生态优势种消失或几乎消失时，这种生态级联效应更明显、深远。特别值得关注的是群落中关键种的消失——关键种是相对其多度而言，对周围环境有更大影响的物种。

前面章节中给出的几个例子已经证实了一个物种的消失会影响其

他许多物种。美洲栗的消失对所在生态系统产生了巨大的影响：许多主要以美洲栗种子为食的动物的种群数量随之急剧下降[90，91]；至少有7种把卵产在美洲栗树叶上的蛾类被认为已灭绝[83，90，92]。物种的消失也会在经济上产生可衡量的重大影响。以美洲栗为例，它因其经济价值曾被赞誉："美洲栗可能是阿巴拉契亚山脉最重要的自然资源，为居民提供了食物、庇护所和急需的现金收入。"[90]

铁杉的丧失同样造成了类似的经济影响。这些树组成了北美洲东部非常独特、具潮湿弱光环境的森林。许多两栖类和鸟类与这些森林息息相关，同时许多当地的溪红点鲑生活在这些森林的溪流中，所有这些物种都会因铁杉的丧失而受影响[93，94]。

或许，北美洲的太平洋西北地区（Pacific Northwest）的海獭是另一个经典例子，它同时体现了关键种丧失造成的影响和物种在自然环境中相互作用的复杂性。在这个地区的海洋生态系统中，海獭是海胆的主要捕食者，海胆取食一种大型水生褐藻——海带，海带形成巨大的海带林，而海带林是许多物种的生存家园。如果没有海獭，那么海胆会迅速地摧毁大片的海带林。

尽管太平洋西北地区的海獭在经历了19世纪初的数十年狩猎后有了惊人的恢复，但其数量却在过去的几十年里一直在锐减。这是为什么呢？虎鲸的主要猎物是北海狮和港海豹，但北海狮和港海豹的种群自20世纪70年代后一直在崩溃，原因是它们赖以生存的鱼类资源因渔业捕捞和海洋升温度而锐减。北海狮和港海豹数量急剧下降后，虎鲸被迫捕食海獭，这是虎鲸主要猎物丧失的直接结果（图6.11）。海獭的丧失对海带林产生巨大影响，因为没有海獭后，海胆的数量暴发，进而海带林正在消失，而那些依赖这些海带林存活的生物也随之消失[86，87]（图6.11）。

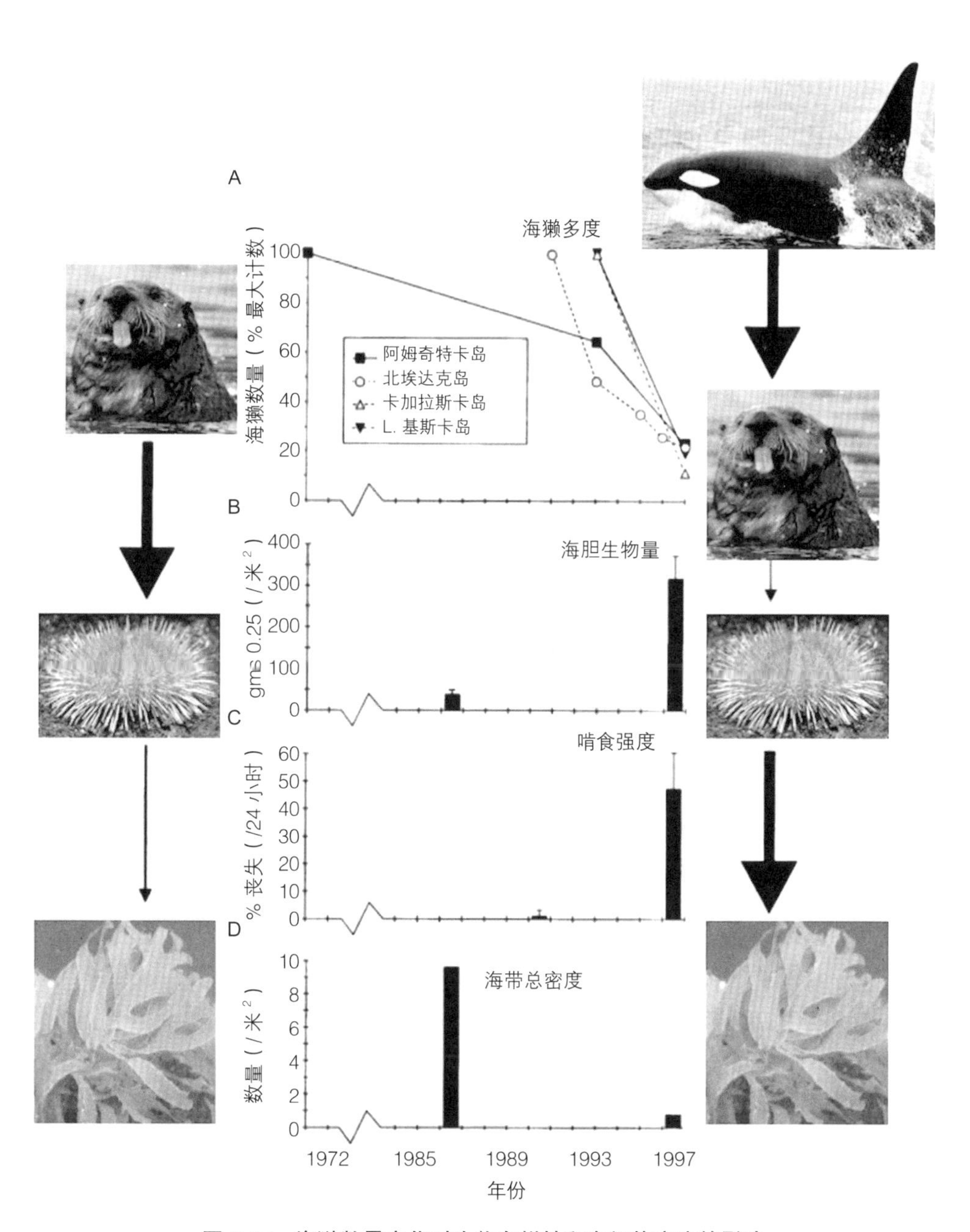

图 6.11　海獭数量变化对生物多样性和有机体密度的影响

正文中解释了这个生态级联和有机体间复杂的相互作用的例子。图片改绘自参考文献［87］中的原图 1。

给我一个庇护所——自然保护区

我们已经在自然保护区的规划工作上取得了巨大的进展。在 1985 年，受法律形式保护的土地面积不到 4%；到 2009 年时，这个数值已上升到 12.9%[17]。这些保护区和其他保护工作一道，确实起到了重要作用。我们有许多单个物种被成功保护的故事，而这样的物种通常是魅力十足的动物，比如美洲野牛和迈阿密蓝蝶。与此同时，我们也有很多植物保护成功的范例，只是通常很少得到宣传。那些成为头条新闻的植物通常有艳丽的花朵，比如美国西部草原的秀逸剪苏兰（*Platanthera praeclara*）（www.endangered.org/animal/western-prairie-fringedorchid/）或稀有的夏威夷薄荷（*Stenogyne kanehoana*）（www.dvidshub.net/news/260774/army-natural-resources-playing-matchmaker-hawaiisendangered-plants）。总体统计表明，“在过去的 40 年中，如果没有保护工作的进行，那么哺乳类、鸟类和两栖类的灭绝率将会比现在高 20%”[95]。

正如一首著名的摇滚歌曲中的歌词所说，“如果我得不到一些庇护，我将不久于人世”，那么我们的保护工作做得很好了吗？在过去的几十年中，人们一直在稳步地增加保护区的数量，但有些国家的领导人却在努力减少自然保护区，许多人都认为这是朝着错误方向迈出的一大步。有的研究者强调，即便保护工作非常重要，但有些保护工作不一定具有生态代表性，也就是说它们在保护生物多样性和生命之树的健全方面不一定能起到关键性的作用[17]。其他研究者发现，仅在那些受威胁的两栖类、鸟类、哺乳类和龟鳖类中，就分别有 27%、20%、

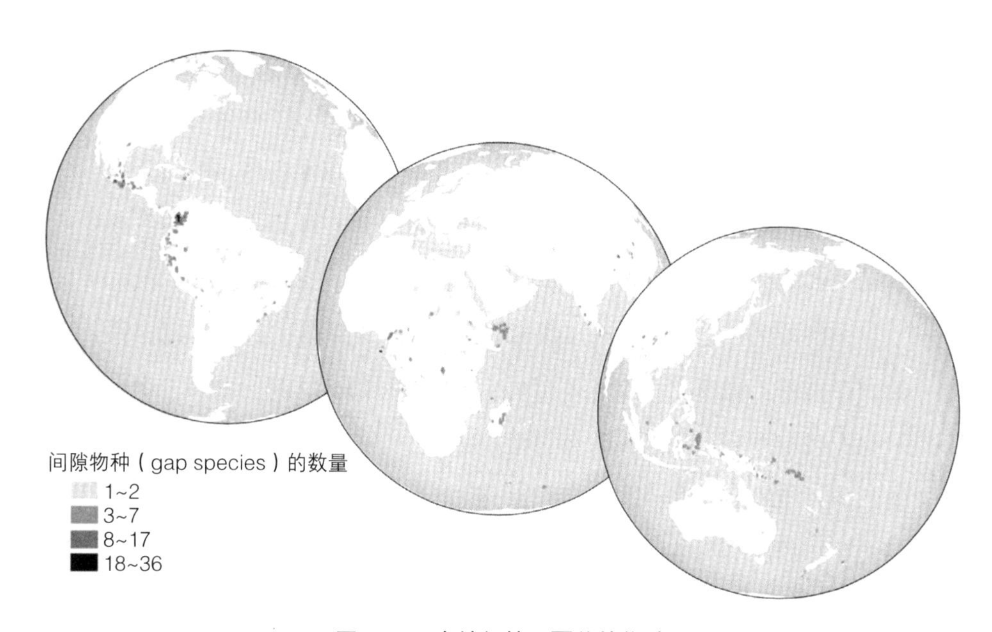

图 6.12　未被保护区覆盖的物种

研究者使用网格系统，尝试评估出全球范围内的未被任何机制保护的物种的面积和密度（参见彩图 6.12）[96]。图片引自参考文献［96］。

14% 和 10% 实际上完全生活在保护区之外。还有一个值得全球性关注的重点是，在保护区里还存在许多未知的物种，它们至今尚未被人类认识（图 6.12）[96]。

下列事实值得铭记：我们星球上仍有许多物种还未被发现和命名——它们会在哪里？对于植物来说，有数据表明许多未命名物种可能位于公认的生物多样性热点地区内[97]。这乍看上去的确是一个好消息，因为它在一定程度上限定了区域。在研究者预测的未被发现和命名的物种中，以下地区占据了近 70%：墨西哥到巴拿马地区（占 6%），哥伦比亚（占 5%），厄瓜多尔到秘鲁地区（占 29%），巴拉圭和智利南部（占 5%），非洲南部（占 16%）和澳大利亚（占 8%）[37]。但这项研究也指出，人类活动造成生境丧失的现象在这些重要的生物多样性热点地区内也非常广泛[97]。所以，该研究观察到的另一个结果是：大多数未命名的植物种类分布在相对狭小、离散的热点地区内，因而灭绝风险很高。值得特别关注的是，许多热点地区正在经历广泛的由人类活动导致的生境丧失[37]。

一些人用饼干切割机来形象地讨论物种灭绝问题。想象一下，将面团在桌子上铺开，并用饼干切割机对它进行随机切割。如果一个物种只有狭窄的分布范围，那么它相对那些分布广泛的物种来说必然有更高的灭绝风险（被“饼干切割机”除去）。值得注意的是，物种不是随机分布的，一些热点地区包含了最高的物种多样性（见第五章）。此外，“饼干切割机”不是随机的：至少在热带地区，人类对生境的破坏肯定不是随机的[52, 98]。不幸的是，这意味着不成比例的“面团切割”（即生境破坏和物种丧失）实际上集中在生物多样性热点地区，表明全球范围的生物多样性受威胁程度是不成比例（不均匀）的[52, 98]。迈尔斯（N. Myers）等研究者指出[98]，在 17 个被认为是生物多样性热点地区的热带森林中，“只有 12% 的原始植被保存下来了，而整个热带森林的情况反而好一点，该数值为 50%。因此，即便在这些热点地区，特有植物物种最丰富的地区中的原生物种也所剩无几，目前受保护程度也严重不足。”

塞瓦略斯（G. Ceballos）团队的研究很好地阐明了底线[19]：“我们仍然可以通过加强保护工作来避免生物多样性的急剧衰减和随后出现的生态系统服务丧失，但这样的机会窗口正在迅速关闭。”我们可以补充一点：如果要对保护生命之树抱有任何希望，那么保护热点地区很重要，因为这种举措会在物种保护方面带来更多“物超所值的回报”。海洋生态系统的解决方案似乎与陆地环境的方案相同，就是划定更多的保护区至关重要[43]。这些发现充分证明了这样一种观点：要划出更多的保护区，并重点关注生物多样性热点地区。威尔逊提出，地球上应有一半区域被保留出来，以保护生命之树并维持地球上有意义的代表性物种[99，100]。考虑到目前只有15%的地球表面存在某些形式的保护，这是一个雄心勃勃的目标。但是如上所述，人类已经显示出可以在保护土地方面取得快速的进展（从1985年的少于4%，到2009年提升为12.9%）[17]，这个目标是可以达成的。这是一场与时间的竞赛，不仅需要科学家努力对地球上数百万个未被发现和未命名的物种进行命名（见第四章）[65，101]，而且需要国家力量来保护这些物种最有可能出现的生境。然而，我们所知道的生命在地球上能否持久生存就取决于这种大胆的策略。

第七章

生命之树教育

人类历史越来越像是教育与毁灭之间的竞争。

——威尔斯（H. G. Wells），1920 年[1]

教育好你的孩子……并把你的梦想传递给他们。

——纳什（G. Nash），1970 年

上面这句歌词取自纳什谱写的歌曲，该歌曲首次被收录于 1970 年由克罗斯比（Crosby）、斯丘斯（Stills）、纳什和扬（Young）发行的专辑《似曾相识》（*Déjá Vu*）①。

生命之树教育的重要意义

当一个人使用“生命之树教育”这个短语时，它可以有几个重要

① 英文原句中，提到的这些人只有姓。“Déjá Vu”为法语。——译者注

且相互关联的意义。

“生命之树教育”的第一个意义是，它意味着在教室中应采用基于生命之树（即基于系统发育）的视角[2]。这种方法目前被广泛采纳，已成为当今进行有机体多样性（organismal diversity）和种间关系教学的关键方法。与专注于经典使用的分类群名称（taxonomic group name）如哺乳类、植物不同，生命之树教育利用生命之树和“树思维”（即生命之树思维），在理解生物多样性的组织结构时演示“系统树”概念——现存的这些物种群来自一个共同的祖先，而且某个物种群的一些成员灭绝了。上述所有观念都可用生命之树（系统发育树）来说明。通过这种教学方法，学生意识到：鸟类是爬行类的后裔；与恐龙和鳄鱼或蜥蜴的共同祖先相比，鸟类和恐龙的共同祖先的出现晚得多。这种方法还揭示，真菌与动物的亲缘关系最近，而不是我们长期在教室里学到的真菌与绿色植物亲缘关系最近。这种生命之树教育的批判性方法和各种“树思维”的关键方法在其他文章里也有报道[2-4]。

“生命之树教育”的第二个意义是，用生命之树隐喻所有生命的联结性——包含我们在内的所有生命都是一棵庞大的“系统树”的一部分。那样的认知和欣赏态度有望提升人们对保护生命之树和保存它对我们自己这个物种的诸多益处的意识和兴趣。本章的重点是讲述“生命之树教育”的第二个意义，但许多话题也与第一个意义相关，涉及许多关于生命之树本身的阐述。

如前所述，在我们作为一个物种的20万年短暂历史中，我们人类一直认为自己与地球上的所有其他物种息息相关——人类只代表生命之树上的一条小枝或一片叶，而且许多原住民现在仍然与自然保持这种亲密的联结性。然而，科学技术的快速发展带来了副作用，如今人们经常显得中断了与地球上其他生命实体（living entity）之间的联结；一种认为我们与生命之树的其他部分以某种方式截然不同、独立存在的观点越来越盛行。这是一个很危险的魔咒。威尔逊很好地总结了我们人类与共存的其他地球居民的联结度的持续降低，以及这种趋势将带来的不堪设想的后果[5]：“人究竟是怎样的生物？富有超凡的想象力和探索力，遗憾的是，依旧渴望成为这个垂死星球的主人，而不是为其提供服务的管家……并且蔑视低等生命形式。”

人类与自然的联结性在全球范围内逐渐恶化，这已不算是什么新闻了[6-8]。虽然早期的人类和多元文化对他们周围的世界中的生物多样性有很坚定的理解，但遗憾的是这种与地球上其他物种间的紧密联结性今非昔比。这些（早期的）人类社会十分了解周围的植物和其他有机体，并感到与它们全部相互关联，甚至认为一些植物和其他有机体是神圣的。这种人类与自然界同样的联结性在一些发达国家一直持续到不久前，甚至到20世纪中后期；孩子们在靠近自然的环境中成长，在林中奔跑穿越、在溪边玩耍或河里畅游都是他们当时的日常体验。但随着现代社会的发展变化，这些与自然联结的机会越来越少，而人们与自然联结的体验只能越来越多地通过虚拟现实来实现。

人与自然联结减弱的主要例证，莫过于每个学期开学时我们大部分植物学专业本科生的知识和视野。当这些学生中的大多数看见森林时，只能看到满眼的绿色，很少能辨识这些生态系统中的单个实体（individual entity）——每个物种。随着他们开始认识单个植物物种，这种情况就发生变化，而且看到那种意识的觉醒是神奇的感觉。我们会在那些新生的第一节课中就告诉他们，基础植物学（basic botany）知识在我们这个物种进化的大部分时间里至关重要，而没有学好基础植物学的早期人类无法成为我们的祖先——没有活下来。这种对自然知识的极端缺乏透露出人类历史在近期出现的剧烈变化。如果我们继续在教导孩子方面不成功，未能让他们明白人类与地球上其他物种休戚相关的重要联结，那么我们的孩子及其后代的未来确实可怕，将是一片悲惨和黑暗。

因此，今天的生命之树教育比以往任何时候都更重要。生命之树的价值和众生相连的价值观之所以重要，原因阐述如下。首先，向所有人传递生物多样性的根本重要性（fundamental importance）至关重要。人们需要意识到，每个人都是生命之树的一部分，而不只是一个袖手旁观者或观察者，当然更不能高居生命金字塔的顶端。如果人们没有万物联结、众生休戚与共的感觉，如果缺乏一个生物丰富多样的世界，人类的体验和人类生命本身的质量都必定下降。因此，当前特别重要的是，设法让人们将这种联结与生物多样性的重要性联系起来，并掌握这种与生命之树的联结性的所有权。作为生命之树的一部分，同时是生物多样性的看护者（caretaker），我们每个人都必须采取行动进行应对，即便只是举手之劳的方式也有可能带来改变（www.floridamuseum.ufl.edu/onetree/support/；science.howstuffworks.com/environmental/green-science/save-earth-top-ten.htm）。当然，我们必须代代相传这条重要的信息。

其次，关于生命之树上不同生物间关系的知识与我们人类自身的福祉休戚相关。从严格的实用角度看，无论是新药研制、作物改良，还是全人类健康，都离不开生命之树的信息。想象一下，一个具有治疗作用的物种的灭绝，可能就意味着：你失去了给自己孩子、孙子或最好的朋友治愈致命疾病的机会，而且是永远地失去了这个“工具包”。鉴于目前物种灭绝率很高（且不断加快），这样的物种丧失事件可能已常态化。事实上，20%～30% 的植物正在受到威胁，而且可能会在 21 世纪末灭绝，随之消失还有它们的生化秘密和对人类自身的潜在用途（https://stateoftheworldsplants.com/）[9-11]。

生命之树教育的方法

鉴于这样的背景，怎样才是向学生和公众开展“生命之树教育”活动的最佳途径和方法呢？网络上有很多关于生命之树的丰富又实用的学习资源，包括“生命百科全书”数据库（*Encyclopedia of Life*，www.eol.org）——它提供了有用的物种汇编和物种亲缘关系的知识。然而，生命之树教育也面临一些挑战，比如怎样可视化超大系统发育树的海量信息，以便在保证其易于查看的同时，还能开展检验和研究。

虽然难以置信，但是几十年来，科学家在研究和展示物种间关系的超大系统发育树的唯一方法，就是用标准的 8 英寸 ×10 英寸（即 203.2 毫米 ×254 毫米）大小的纸连续打印出发育树的片段，然后再把它们粘在一起，形成一棵长长的线性展开的树，其长度可铺满地板、人行道，甚至可以从大型建筑物顶端一直垂到地面（图 7.1A，7.1B）。我们可以利用这些打印出来的大树来启发学生，使其意识到生命之树惊人的规模。实际上，一棵包含所有已命名物种的完整生命之树，如果以上述常规比例打印（如同图 7.1A 和 7.1B 中的纸张，物种名称用 12 号字体、正常行距打印），并按线性（而不是圆形）粘接起来，可以把 14 座美国帝国大厦①的四面都挂得满满的（图 7.1C）。

① 美国帝国大厦楼高 381 米，并在 1951 年增添 62 米高的天线，总高度为 443.7 米。——译者注。

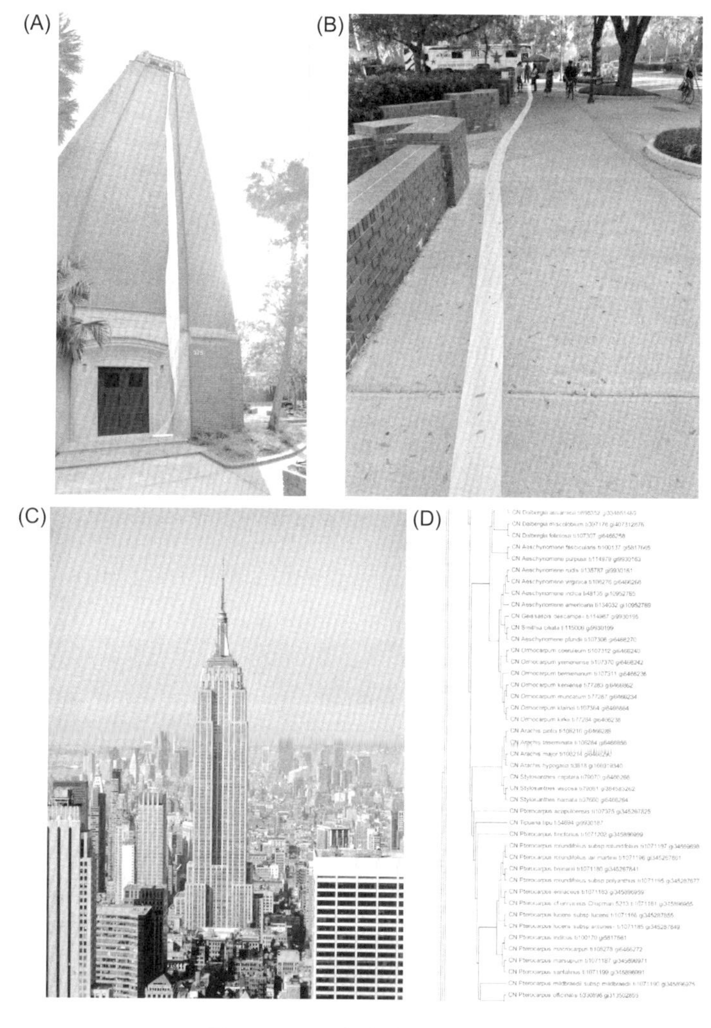

图 7.1　展示宏大的生命之树

（A）在美国佛罗里达州盖恩斯维尔（Gainesville）市的佛罗里达大学，从 48 米高的世纪塔（Century Tower）顶部垂下的一棵仅含 6 000 个物种（12 号字体打印）的系统发育树（数据源于孙苗博士的蔷薇类研究工作）。（B）用与分图（A）相同方法打印出来的系统发育树（仅含 6 000 个物种）沿着人行道铺开来。（C）美国帝国大厦的外景。如果把包含目前所有已命名物种（约 230 万种）的完整生命之树，按分图（A）和（B）中相同的比例和方法打印出来，可挂满 14 座美国帝国大厦的四面（见正文）。（D）分图（A）和（B）所示打印的系统发育树中的一页，使用 8 英寸 ×10 英寸的美国标准大小的纸张[①]。此页展示了物种名称和序列识别码，如落花生（*Arachis pintoi*）。

① 此纸张尺寸比常用的 A4 纸（210 毫米 ×297 毫米）稍小。——译者注

生命之树教育的工具

虽然采用先进的科学技术有所帮助，但对超大系统发育树的可视化依旧困难重重。它们无论如何都太大了，无法在计算机屏幕上随心所欲地进行检查。

近年来，通过 FigTree（图 7.2）（http://tree.bio.ed.ac.uk/software/figtree/）和 Dendroscope（http://dendroscope.org/）等相关软件的开发，系统发育树的可视化取得了很大进展。然而，这些工具不容易使用：虽然对于

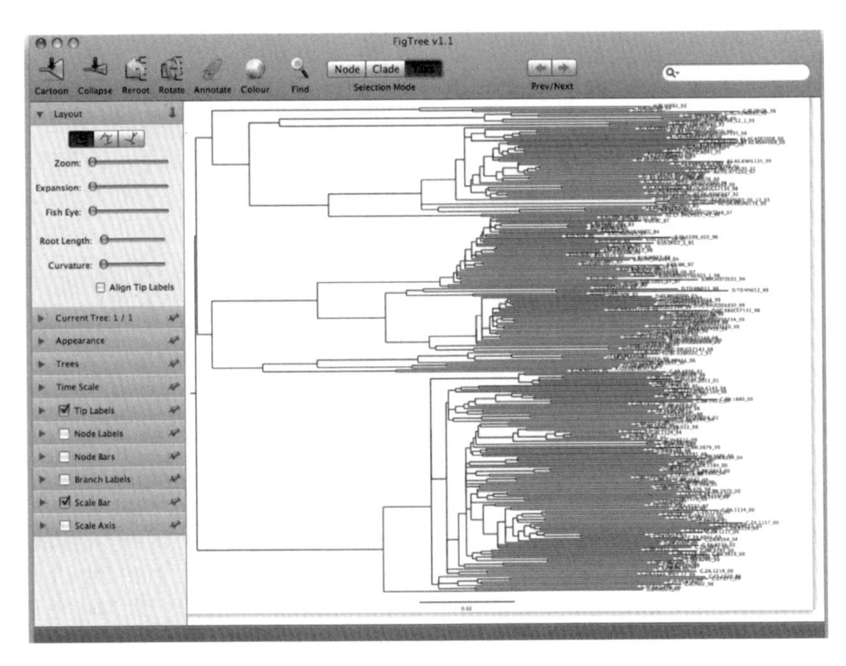

图 7.2　用 FigTree 软件在屏幕上展示系统发育树

软件 FigTree 可在屏幕上水平拉伸、放大系统发育树的分支并提供物种搜索（http://beast.community/figtree）。然而，随着“树”的变大（即物种数目的增加），其可视化效果变得越来越差。

本领域内专业人士来说它们是高效的可视化工具，但并不适合大众教学。另一个有效的可视化方法是使用大型并由很多大屏幕拼接成的多屏显示墙（图 7.3），但这种类型的资源同样不多见，想要在公众中推广更是困难重重。

图 7.3 用拼接的电视墙进行生命之树的教学展示

这是在佛罗里达大学马斯顿图书馆（Marston Library）的电视墙上展示的生命之树植物部分，经修改并添加了植物图片。它展示的系统发育树可对感兴趣的类群进行拉伸或缩放。

庞大的系统发育树很难在打印纸上或计算机屏幕上查看。尽管如此，它们仍然美丽而令人敬畏，会给亲眼所见的人留下深刻的印象——原来，我们这个物种只是生命之树上的一条小枝！因此，我们能将生命之树概括为能打印在一页纸上的彩色圆形树，并将树的枝条所对应的生物插图放置在圆形树的周围，从而呈现出非常精美的可视化效果。这样的系统发育树既具有启发性的教育意义，又引人注目

（图 7.4）。我们可以将它们打印成海报，用于在教室或博物馆内展示，甚至挂在自家卧室的墙上！不过，这些令人印象深刻的系统发育树虽然可以视为一种艺术，但它们不适用于详细的科学研究和生命之树教育——原因很简单，它们包含的枝条和物种过于密集。

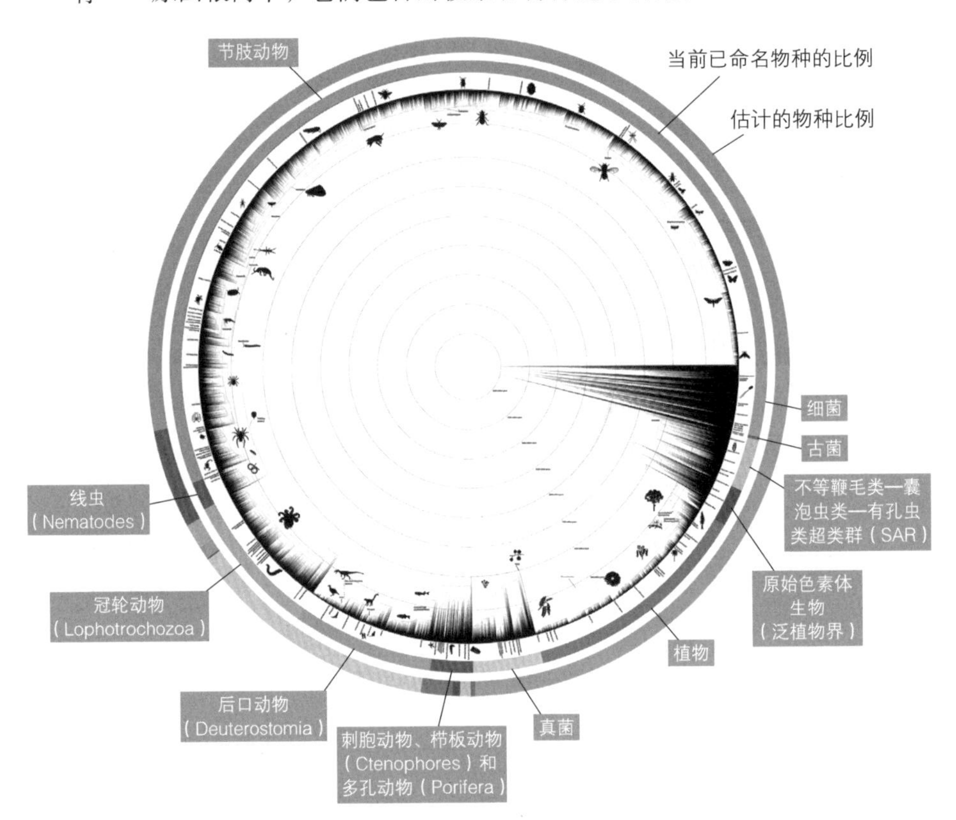

图 7.4　完整生命之树的圆形树视图

生命之树外围增加了各个类群对应的物种插图，修改后可用作展示的海报。图片由斯蒂芬·史密斯提供。

那么，我们怎样解决让公众更好地接触生命之树的资源，以便个人可轻松地了解生物多样性和它们之间的相互联系的困境呢？此时，“一次缩放生命之树探索者”（OneZoom Tree of Life Explorer，简称 OneZoom）软件前来“救场”——它是查看生命之树的有效工具（www.onezoom.org/）。这套软件由詹姆斯·罗辛德尔（James Rosindell）及其同事开发，简单易用，可非常方便地浏览生命之树上已命名的约 230 万个物种（图 7.5A）（见第三章）[12]。OneZoom 以吸引人的时尚式样展示生命之树，让它看起来像一棵真正的大树，有 1 根主干和很多枝条，而物种占据树叶或树梢位置；每片叶内有一个物种名称和对应该种有机体（即生物）的照片（如果有的话）。OneZoom 是超级好的教学工具，其用户可放大生命之树的每个枝条，进行近距离、更仔细地观察（该软件名称的由来）；估算的生命支系起源时间信息，也会在很多枝条上显示。OneZoom 可在个人计算机或其他电子设备上使用，公众能随时随地访问，而且它生动有趣。此外，OneZoom 的整棵生命之树的可视化工具也能投射到大触摸屏上（图 7.5B），可在课堂、自然博物馆和其他拓展活动地点作为教学工具使用。

当然，所有工具都有缺点和局限，OneZoom 也不例外——它受到的限制也反映出欣奇利夫 2015 年版本的生命之树的不足[12]。比如，对广泛存在的微生物（细菌和古菌）的取样明显不足。如前所述，这个结果事实上是由于当今的科学家很少给细菌和古菌提供专业的学名（见第四章），只是提供了分子数据库登录号（accession number）。此外，目前生命之树上除了物种名称之外，得到其他数据支持的比例还很小（<20%）。因此，OneZoom 可准确地在生命之树上显示出哪些类群我们已清楚，哪些类群我们还不清楚，以此激发观众的热情，与我们一起努力突破现有生物多样性知识的局限。

除了需要有效的工具进行生命之树教育，确定切实有效的方法调

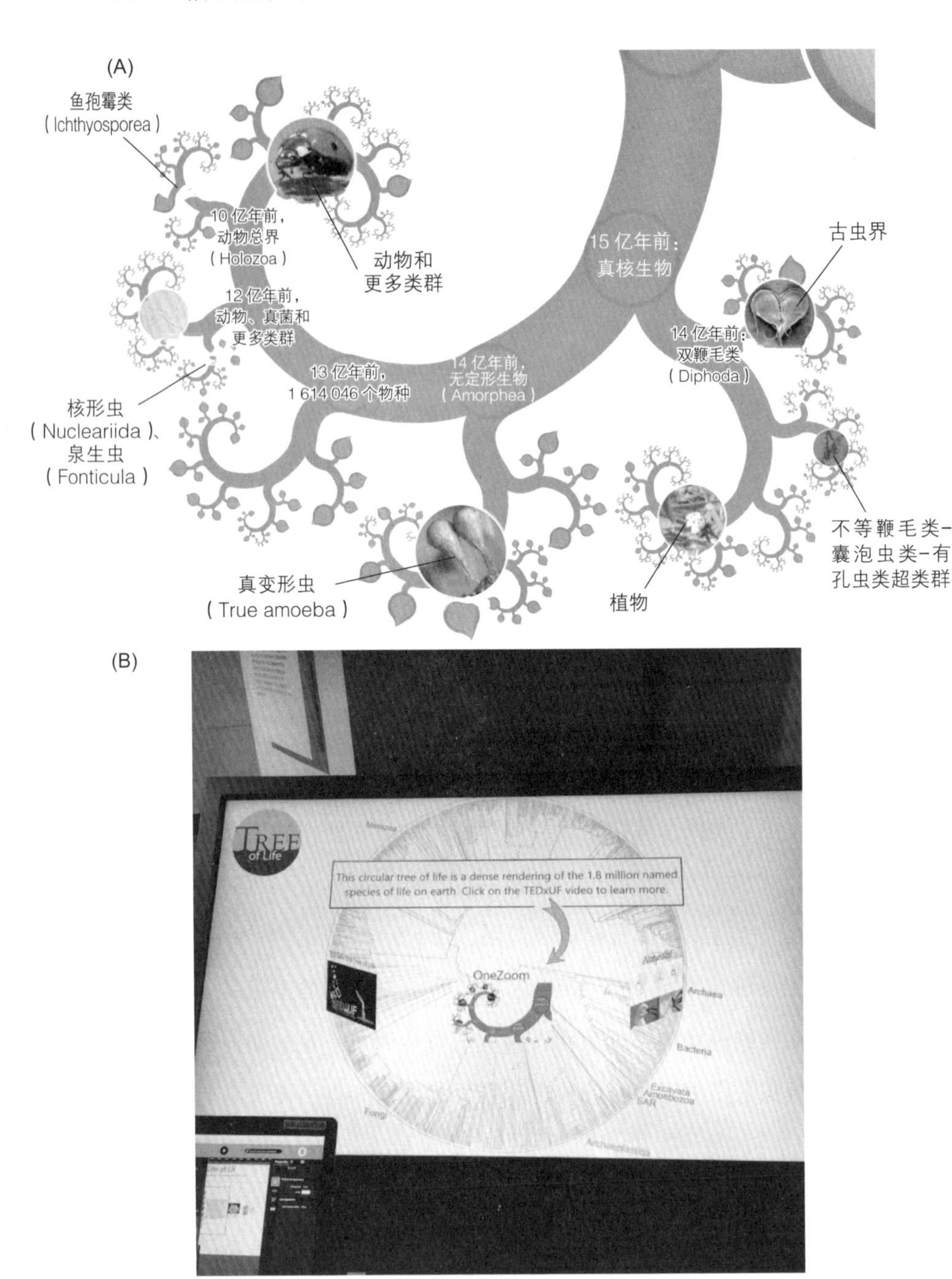

图 7.5　一次缩放生命之树探索者（OneZoom）软件的缩放操作展示

（A）OneZoom 软件用于生命之树的教学和探索。图中为 OneZoom 的真核生物概览。通过点击任何枝条，用户可不断放大生命之树的那一部分以获取更多进化关系信息，直至物种水平。（B）OneZoom 软件内置于可触摸屏设备，供教学和科普使用。它是博物馆展览和教室中讲解生命之树的有效工具。图中的 OneZoom 触摸屏安装在佛罗里达大学哈恩艺术博物馆（Harn Museum）内，作为一个展览的组成部分供观众浏览。

动公众的情感同样重要。如果人们能清楚地意识到，他们与地球上所有其他生物有密切的联系，或许就更愿意参与生物多样性学习，最终行动起来保护生命之树。将科学与音乐、艺术、技术、有故事情节的电影和其他视听体验的力量结合起来，或许是生命之树教育最有效的方法。这种跨学科的方法是调动公众情绪的有效手段，而这对理解生命之树的重要性并积极参与维护生命之树至关重要。

佛罗里达大学的一个小组及其关系密切的同事，一直在探索用下面两种方案来有效调动公众情感：① 动画电影；② 大型建筑上的巨大的生命之树投影，以展示其宏伟和美丽，有些类似天文馆的展览（图 7.6—7.8）。我们的目标是将两种方案在全球范围内展示，从而促进公众对生物多样性的了解，提升保护意识，并在行动上做出积极响应。

电影《生命之树守望者》（*TreeTender*）由同属佛罗里达大学的佛罗里达自然博物馆和数字世界研究所（Digital Worlds Institute）联合制作，可以在网站 www.treetender.org 观看。在这部迪士尼风格的动画电影中，有两个吸引观众的主角（一个男英雄和一个女英雄，如果你愿意这样称呼他们的话）（图 7.6）。这部电影的故事情节不仅告诉观众什么是生命之树，还通过探索一些基本的生物学概念（如共生）和生命之树面临的重大威胁（包括人类造成的灭绝），告诉人们为什么生命之树对人类健康和福祉如此重要。它可以分成若干短片，用于特定主题的教学（如共生、灭绝和生态系统服务）。此外，一些适用于从幼儿园到 12 年级[①]（K through 12 classes）学生的教学资料已准备好（所有资料都可从 treetender.org 网站获取）。

① 美国的 12 年级大致相当于我国的高中三年级。——译者注

(A)

(B)

图 7.6 电影《生命之树守望者》

（A）《生命之树守望者》的英文网站（www.treetender.org）界面。这是一部关于生命之树的迪士尼风格的动画电影，其中文版由同济大学的陈士超老师（本书主译之一）及其学生提供中文字幕。（B）在佛罗里达自然博物馆里观看《生命之树守望者》的观众。虽然观众可在计算机上观看这部电影，但在影院里体验更佳。

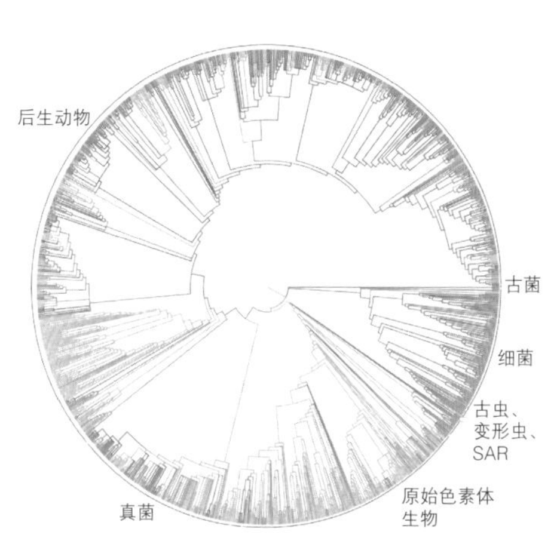

图 7.7　“同一棵树，同一颗星球”大型户外投影的宣传画面

在主题为“同一棵树，同一颗星球”（One Tree，One Planet）的生命之树的投影活动中（图 7.7），“乐谱”由所有生命共享基因的 DNA 序列上的碱基变化转译而来。这项活动由著名投影艺术家纳齐赫·梅斯塔乌伊（Naziha Mestaoui）、OneZoom 的首席开发者詹姆斯·罗辛德尔和佛罗里达自然博物馆的科学家们合作发起。纳齐哈·梅斯塔乌伊在巴黎气候变化峰会（Climate Change Summit in Paris）期间，曾将一些树的图像投影在埃菲尔铁塔上（https://unfccc.int/media/518176/1-heart-1-tree-dossier-partenaires-en.pdf），以倡导重建森林、保护环境。“同一棵树，同一颗星球”是大型互动式户外投影活动，观众可参与其中，让自己的头像出现在以多层或更大架构的方式展开的生命之树中的智人这个物种位置上（图 7.8）。这种投影真的令人着迷。随着智能手机应用程序（APP）的开发，观众将有新的机会与被投影的生命之树

(A)

(B)

图 7.8 “同一棵树，同一颗星球”大型户外投影活动

（A）在这项活动中，建筑物外墙上出现关于生命之树的大型投影作品，供公众欣赏。（B）观众试图用手机抓拍“同一棵树，同一颗星球”的户外投影瞬间。生命之树的投影艺术让观众有一种神奇的体验。照片均由佛罗里达自然博物馆惠赠。

和其他观众互动，以及与来自全世界的过去和将来的观众互动，从而增强他们的情感体验。这样的手机应用程序也可作为教学工具，利用生命之树的投影提升教学效果。

上述这些方法会改变人们的观念并带来实际的保护行动吗？一个科学评价小组正在评估这些方法的有效性，并提供数据以改进相关程序。我们已经明了的一点是，人们在经历了这些体验后以某种方式发生了变化。《生命之树守望者》引起了强烈的反响，因为它明确地传递出当前生物多样性高灭绝率的威胁和冲击，给观众提供了情感信息（emotional message）。那些参与“同一棵树，同一颗星球”活动的人们，频繁抓拍在户外投射的图像（图 7.8B）。一个小朋友看完这些作品后说：“我与众生都有联系！”没有什么比听到这条留言更有收获感了！这是一个强有力的陈述，也是正在被我们这个物种丢失的视角，更是我们必须失而复得的观念，而且越快越好。

另一种生物多样性的教学方式是采用诸如生命地图（Map of Life，www.mol.org；图 7.9）这样的手机应用程序。生命地图这个应用程序可以让用户了解他或她所在地区的有机体概况，帮助识别身边的物种并提供更多信息。在这个智能手机流行的时代，生命地图把自然带到人们眼前，鼓励人们欣赏自然并与自然建立联结。然而，生命地图并没有显示某一地区的物种如何与伟大的生命之树上的其他物种联结，这就启发我们要构思开发“终极生物多样性”应用程序：它不仅能帮用户识别物种，还能提供该物种在生命之树上的位置信息。也许，创建一个从物种特性（species identity）到 OneZoom 软件中生命之树上位置的链接，就能引导人们进一步探索生物多样性了。

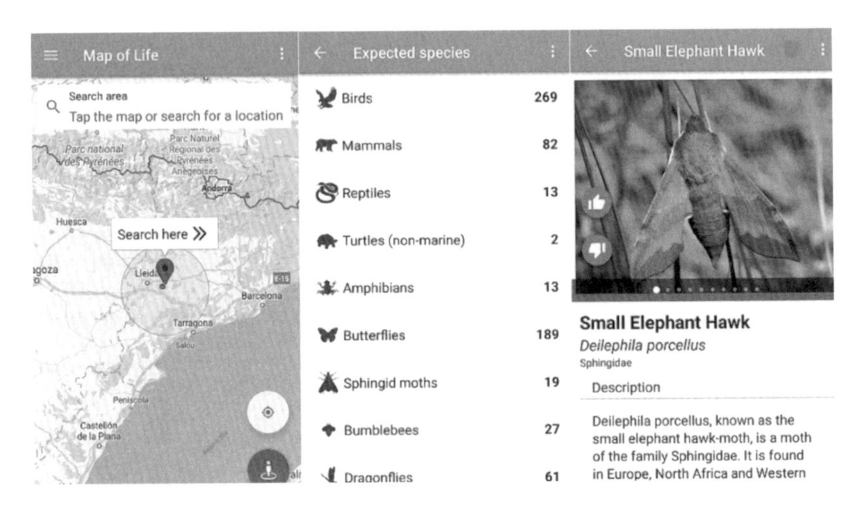

图 7.9　生命地图可让用户在手机上探索生物多样性多个方面的信息

手机应用程序生命地图可帮助鉴定世界上任何地方的生物多样性，还可记录各种有机体（即生物）的目击情况并将这些数据与他人分享。图片来自维基百科自由共享资源。

参考文献和进一步阅读

第一章参考文献

[1] Mohawk J C. Review of the ecological Indian: myth and history by Shepard Krech III. Nat. Soc. Sci., 2001, 11: 183-184.

[2] Lima M. The book of trees: visualizing branches of knowledge. New York: Princeton Architectural Press, 2014.

[3] Liya S. The use of trees as symbols in the world religions. Solas, 2004, 4: 41-58.

[4] Parpola S. The Assyrian tree of life—tracing the origins of Jewish monotheism and Greek philosophy. J. Near. East Stud., 1993, 52: 161-208.

[5] Giovino M D. The Assyrian sacred tree: a history of interpretations. Gottingen: Academic Press Fribourg, Vandenhoeck and Ruprecht, 2007.

[6] Berkurt W. Creation of the sacred: tracks of biology in early religion. Boston: Harvard University Press, 1998.

[7] Anderson E. Plants, man, and life. Berkeley: University of California Press, 1967.

[8] Baker H G. Plants and civilization. Belmont: Wadsworth Publishing Company, 1965.

[9] Shery R W. Plants for man. Second edition. Englewood Cliffs: Prentice-Hall, 1972.

[10] Morgenstern K. Plants as gateways to the sacred. Pleasantville, NY: Sacred Earth Newsletter, 2003.

[11] Jung C J. The philosophical tree II. On the history and interpretation of the tree symbol, alchemical studies, collected works of C.G. Jung, 13. Princeton: Princeton University Press, 1967: 272–349.

[12] Wilson E O. Half-earth. New York: Liveright Publishing Corporation, 2016.

[13] Bird-Davis N. "Animism" revisited: personhood, environment, and relational epistemology. Curr. Anthropol., 1999, 40 (S1): 67–91.

[14] Brown L A, Emery K F. Negotiations with the animate forest: hunting shrines in the Guatemalan Highlands. J. Archaeol. Method Theory, 2008, 15: 300–337.

[15] Hornborg A. Animism, fetishism, and objectivism as strategies for knowing (or not knowing) the world. Ethnos, 2006, 71: 21–32.

[16] Viveiros de Castro E. Exchanging perspectives: the transformation of objects into subjects in Amerindian ontologies. Common Knowledge, 2004, 10: 463–485.

[17] Kolbert E. Field notes from a catastrophe: man, nature, and climate change. First edition. New York: Bloomsbury, 2006.

[18] Kolbert E. The sixth extinction: an unnatural history. First edition. New York: Henry Holt and Co., 2014.

[19] Cafaro P. Recent books on species extinction. Biological Conservation, 2015, 181: 245–257.

[20] Krech S. The ecological Indian: myth and history. New York: W. W. Norton and Company, 2000.

[21] Harkin M E, Lewis D R. (Eds.). Native Americans and the environment perspectives on the ecological Indian. Lincoln: University of Nebraska Press, 2007.

[22] Pinch G. Egyptian mythology: a guide to the Gods, Goddesses, and traditions of ancient Egypt. Oxford: Oxford University Press, 2004.

[23] Mettinger T N D. The Eden narrative: a literary and religio-historical study of Genesis 2–3. Winona Lake: Eisenbrauns, 2007.

[24] Gravrand H. Pangool: le genie religieux sereer. Les Nouvelles Editions Africaines du Senegal. Senegal, 1990.

[25] Niangoran-Bouah G G. L'univers akan des poids à peser l'or (The Akan world

of gold weights). Abidjan, Republic of Côte d'Ivoire (Ivory Coast): Nouvelles Editions Africaines, 1987.

[26] Davidson H, Ellis R. The lost beliefs of Northern Europe. London: Routledge, 1993.

[27] Simek R. A dictionary of northern mythology. Rochester: Boydell & Brewer, Limited, 2008.

[28] Dronke U. The poetic Edda (Trans.). mythological poems, volume II. Oxford: Oxford University Press, 1997.

[29] Larrington C. The poetic Edda. Oxford and New York: Oxford University Press, 1999.

[30] Lindow J. Norse mythology: a guide to the Gods, heroes, rituals, and beliefs. Oxford: Oxford University Press, 2001.

[31] Parker A C. Certain Iroquois tree myths and symbols. Am. Anthropol., 1912, 14: 608–620.

[32] Mann B A, Fields J L. A sign in the sky: dating the League of the Haudenosaunee. Am. Indian Cult. Res., 1997, 21: 105–163.

[33] Johansen B E. Dating the Iroquois confederacy. New York: Akwesasne Notes New Series, 1995: 62–63.

[34] Miller M, Taube K. The gods and symbols of ancient Mexico and the Maya: An illustrated dictionary of Mesoamerican Religion. London: Thames and Hudson Ltd., 1993.

[35] Kraut R. Plato//Zalta E N. (Eds.). The Stanford encyclopedia of philosophy archive. Stanford: Metaphysics Research Lab, Stanford University, 2015.

[36] Barnes J. (Eds.). Complete works of Aristotle, The revised Oxford translation. Princeton: Princeton University Press, 1984.

[37] Shields C. Aristotle//Zalta E N. (Eds.). The Stanford encyclopedia of philosophy archive. Stanford: Metaphysics Research Lab, Stanford University, 2016a.

[38] Shields C. (Eds.). Aristotle's De Anima. First edition. Oxford and New York: Clarendon Press and Oxford University Press, 2016b.

[39] Bergstrom C T, Dugatkin L A. Evolution. New York: W. W. Norton & Company, 2011.

[40] Rhodes F, Trevor H. Evolution (a golden science guide). Fayetteville: Golden Press, 1974.

[41] Ierodiakonou K. Theophrastus//Zalta E N. (Eds.). The Stanford encyclopedia of philosophy archive. Stanford: Metaphysics Research Lab, Stanford University, 2016.

[42] Mayr E. The growth of biological thought: diversity, evolution, and inheritance. Cambridge and London: The Belknap Press of Harvard University Press, 1982.

[43] Lovejoy A O. The great chain of being: a study of the history of an idea—The William James lectures delivered at Harvard University. Cambridge: Harvard University Press, 1936.

[44] Strange S K. Ancient commentators on Aristotle. New York: Bloomsbury Academic, 1992.

[45] Gracia J, Newton L. Medieval theories of the categories//Zalta E N. (Ed.). The Stanford encyclopedia of philosophy archive. Stanford, CA: Metaphysics Research Lab, Stanford University, 2016.

[46] Franklin J. Aristotle on species variation. Philosophy, 1986, 61: 245-252.

第一章进一步阅读

Budge E A W. The gods of the Egyptians; or, studies in Egyptian mythology. New York: Dover Publications, 1969.

Dowden K. European paganism: The Realities of Cult from antiquity to the Middle Ages. London and New York: Routledge, 2000.

Porphyry. Porphyry the phoenician, translation, introduction, and notes by Edward W. Warren. Toronto: Pontifical Institute of Mediaeval Studies, 1975.

Sorabji R. (eds.). Porphyry, on Aristotle categories. London-Ithaca, NY: Bristol Classical Press, 1992.

Shepard Ill K. The ecological Indian: myth and history. New York: W. W. Norton & Co., 1999.

Studtmann P. Aristotle's categories//Zalta E N (Eds.). The Stanford encyclopedia of philosophy archive. Stanford: Metaphysics Research Lab, Stanford University, 2014.

第二章参考文献

[1] Darwin C. The origin of species: by means of natural selection, or the preservation of favoured races in the struggle for life. Cambridge: Cambridge

University Press, 1859.

[2] Stevens P F. Augustin Augier's "Arbre Botanique" (1801), a remarkable early botanical representation of the natural system. Taxon, 1983, 32: 203−211.

[3] Cronquist A. An integrated system of classification of flowering plants. New York: Columbia University Press, 1981.

[4] Haeckel E. Generelle morphologie der organismen. Vols I and II. Berlin: Georg Reimer, 1866.

[5] Bessey C E. The phylogenetic taxonomy of flowering plants. Ann. Mo. Bot. Gard., 1915, 2: 109−164.

[6] Cronquist A. The evolution and classification of flowering plants. Boston: Houghton Mifflin, 1968.

[7] Hennig W. Grundzüge einer theorie der phylogenetischen systematik. Berlin: Deutscher Zentralverlag.

[8] Hennig W. 1966. Phylogenetic systematics. Urbana: University of Illinois Press, 1950.

[9] Donoghue M J, Kaderiet J W. Walter Zimmerman and the growth of phylogenetic theory. Syst. Biol., 1992, 41: 74−85.

[10] Wagner Jr W H. Origin and philosophy of the groundplan-divergence method of cladistics. Syst. Bot., 1980, 5: 173−193.

[11] Hall B G. Phylogenetic trees made easy: a how to manual. Sunderland: Sinauer Associates, 2011.

[12] Baum D A, Smith S D. Tree thinking: an introduction to phylogenetic biology. Greenwood Village, CO: Roberts and Co., 2012.

[13] Judd W S, Campbell C S, Kellogg E A, *et al*. Plant systematics: a phylogenetic approach. Third edition. Sunderland: Sinauer Associates, 2008.

[14] Brown S F. (Eds.). Philosophical writings. A Selection. William of Ockham. Indianapolis: Hackett, 1990.

[15] Swofford D L, Olsen G J, Waddell P J, *et al*. Phylogenetic inference//Hillis D M, Moritz D, Mable B K. (Eds.). Molecular systematics. Sunderland: Sinauer Associates, 1996: 407−514.

[16] Felsenstein J. The number of evolutionary trees. Syst. Zool., 1978, 27: 27−33.

[17] Stuessy T, Crawford D J, Soltis D E, *et al*. Plant systematics: the origin, interpretation, and ordering of plant biodiversity. Regnum Vegetabile, 2014: 156.

第二章进一步阅读

Farris J S. Methods for computing Wagner trees. Syst. Zool., 1970, 19: 83−92.

Hillis D M. Inferring complex phylogenies. Nature, 1996, 383: 130−131.

Lamarck J B. Philosophie zoologique. Paris: Museum d'Histoire Naturelle (Jardin des Plantes), 1809.

Swofford D L. PAUP*4.0: phylogenetic analysis using parsimony (and other methods), Beta Version 4.0. Sunderland: Sinauer Associates, 1998.

Swofford D L. PAUP*. Phylogenetic analysis using parsimony (*and other methods), Version 4. Sunderland, Sinauer Associates, 2002.

Swofford D L, Begle D P. PAUP version 3.1 user's manual. Champaign: Liiniois Natural History Survey, 1993.

Willson Stephen J. Building phylogenetic trees from quartets by using local inconsistency measures. Mol. Biol. Evol., 1999, 16(5): 685−693.

第三章参考文献

[1] Chase M W, Soltis D E, Olmstead R G, *et al*. Phylogenetic relationships among seed plants based on *rbcL* sequence data. Ann. Mo. Bot. Gard., 1993, 80: 528−580.

[2] Hinchliff C E, Smith S A, Allman J F, *et al*. Synthesis of phylogeny and taxonomy into a Comprehensive tree of life. Proc. Natl. Acad. Sci. USA, 2015, 112: 12764−12769.

[3] Felsenstein, J. The number of evolutionary trees. Syst. Zoo., 1978, 27: 27−33.

[4] Hillis DM. Inferring complex phylogenies. Nature, 1996, 383: 130−131.

[5] Soltis D E, Moore M J, Burleigh G, *et al*. Assembling the angiosperm tree of life: progress and future prospects. Ann. Missouri. Bot. Garden, 2010, 97: 514−526.

[6] Graur D, Duret L, Gouy M. Phylogenetic position of the order Lagomorpha (rabbits, hares and allies). Nature, 1996, 379: 656−658.

[7] Willson S J. Building phylogenetic trees from quartets by using local inconsistency measures. Mol. Biol. Evol., 1999, 16 (5): 685−693.

[8] Woese C R, Fox G E. Phylogenetic structure of the prokaryotic domain: the primary kingdoms. Proc. Natl. Acad. Sci. USA, 1977, 74: 5088−5090.

[9] Ritland K, Clegg M T. Evolutionary analyses of plant DNA sequences. Amer. Naturalist, 1987, 130: S74-S100.

[10] de Queiroz A, Gatesy J. The supermatrix approach to systematics. Trends Ecol. Evol., 2007, 22: 34-41.

[11] Bininda-Emonds O R P. The evolution of supertrees. Trends Ecol. Evol., 2004, 19 (6): 315-322.

[12] Sanderson M J, Purvis A, Henze C. Phylogenetic supertrees: assembling the trees of life. Trends Ecol. Evol., 1998, 13: 105-109.

[13] Bininda-Emonds O R P, Sanderson M J. Assessment of the accuracy of matrix representation with parsimony supertree reconstruction. Syst. Biol., 2001, 50: 565-579.

[14] Gordon A D. Consensus supertrees: the synthesis of rooted trees containing overlapping sets of labeled leaves. J. Classifi., 1986, 3: 31-39.

[15] Sibly R M, Witt C C, Wright N A, *et al*. Energetics, lifestyle, and reproduction in birds. Proc. Natl. Acad. Sci. USA, 2012, 109: 10937-10941.

[16] Bininda-Emonds O R P, Cardillo M, Jones K E, *et al*. The delayed rise of present-day mammals. Nature, 446: 2007, 507-512.

[17] Smith S A, Brown J W, Hinchliff C E. Analyzing and synthesizing phylogenies using tree alignment graphs. PLoS Comput. Biol., 2013, 9(9): e1003223.

[18] Trudeau R J. Introduction to graph theory. New York: Dover Publications, Inc., 1993.

[19] Redelings B D, Holder M H. A supertree pipeline for summarizing phylogenetic and taxonomic information for millions of species. Peer J, 2017. https://doi. org/10.7717/peerj.3058.

[20] Soltis P S, Soltis D E. The role of hybridization in plant speciation. Annu. Rev. Plant. Biol., 2009, 60: 561-588.

[21] Keeling P J, Palmer J D. Horizontal gene transfer in eukaryotic evolution. Nat. Rev. Genet., 2008, 9(8): 605-618.

[22] Li F W, Villarreal J C, Kelly S, *et al*. Horizontal gene transfer of a chimeric photoreceptor, neochrome, from hornworts to ferns. Proc. Natl. Acad. Sci. USA, 2014, 111(18): 6672-6677. https://doi.org/10.1073/pnas.1319929111.

[23] Rice D W, Alverson A J, Richardson A O, *et al*. Horizontal transfer of entire genomes via mitochondrial fusion in the angiosperm *Amborella*. Science, 2013,

342: 1468−1473.

[24] Dagan T, Martin W. Getting a better picture of microbial evolution en route to a network of genomes. Phil. Trans. Royal Soc. B., 2009, 364: 2187−2196.

第四章参考文献

[1] Wilson E O. Half-earth. New York: Liveright Publishing Co., 2016.

[2] Costello M J, May R M, Stork N E. Can we name Earth's species before they go extinct? Science, 2013, 339: 413−416.

[3] Scheffers B R, Joppa L N, Pimm S L, *et al*. What we know and don't know about Earth's missing biodiversity. Trends Ecol. Evol., 2012, 27: 501−510.

[4] Stork N. How many species are there? Biodiv. Conserv., 1993, 2: 215−232.

[5] Sangster G, Luksenburg J A. Declining rates of species described per taxonomist: slowdown of progress or a side-effect of improved quality in taxonomy? Syst. Biol., 2015, 64: 144−151.

[6] Dawson M N. Species richness, habitable volume, and species densities in freshwater, the sea, and on land. Front Biogeogr, 2012, 4: 105−116.

[7] Grosberg R K, Vermeij G J, Wainwright P C. Biodiversity in water and on land. Curr. Biol., 2012, 22: R900−R903.

[8] Mora C, Tittensor D P, Adl S, *et al*. How many species are there on Earth and in the Ocean? PLoS Biol, 2011, 9(8): e1001127. https://doi.org/10.1371/journal.pbio.1001127.

[9] Pérez-Ponce de León G, Poulin R. Taxonomic distribution of cryptic diversity among metazoans: not so homogeneous after all. Biol. Lett., 2016, 12: 20160371.

[10] Soltis D E. Autopolyploidy in *Tolmiea menziesii* (Saxifragaceae). Am. J. Bot., 1984, 71: 1171−1174.

[11] Soltis D E, Soltis P S. Genetic consequences of autopolyploidy in *Tolmiea menziesii* (Saxifragaceae). Evolution, 1989, 43: 586−594.

[12] Judd W S, Soltis D E, Soltis P S. *Tolmiea diplomenziesii*: a new species from the Pacific Northwest and the diploid sister taxon of the autotetraploid *T. menziesii* (Saxifragaceae). Brittonia, 2007, 59: 218−225.

[13] Visger C J, Germain-Aubrey C, Soltis P S, *et al*. Niche divergence in *Tolmiea* (Saxifragaceae): using environmental data to develop a testable hypothesis

for a diploid-autotetraploid species pair. Boise: Botanical Society of America, 2017.

[14] Soltis D E, Soltis P S, Schemske D, *et al.* Autopolyploidy in angiosperms: have we grossly underestimated the number of species? Taxon, 2007, 56: 13–30.

[15] Evans B J, Carter T F, Greenbaum E, *et al.* Genetics, morphology, advertisement calls, and historical records distinguish six new polyploid species of African clawed frog (*Xenopus*, Pipidae) from West and Central Africa. PLoS ONE, 2015, 10(12): e0142823. https://doi.org/10.1371/journal.pone.0142823.

[16] Burns J M, Janzen D H, Hajibabaej M, *et al.* DNA bar-codes and cryptic species of skipper butterflies in the genus *Perichares* in Area de Conservación Guanacaste, Costa Rica. Proc. Natl. Acad. Sci. USA, 2008, 105: 6350–6355. https://doi: 10.1073/pnas.0712181105.

[17] Hausmann A, Haszprunar G, Hebert P D N. DNA barcoding the geometrid Fauna of Bavaria (Lepidoptera): successes, surprises, and questions. PLoS ONE, 2011, 6 (2): e17134. https://doi.org/10.1371/journal.pone.0017134.

[18] Woese C R, Fox G E. Phylogenetic structure of prokaryotic domain—primary kingdoms. Proc. Natl. Acad. Sci. USA, 1977, 74: 5088–5090.

[19] Spang A, Ettema T J G. Microbial diversity the tree of life comes of age. Nat. Microbiol., 2016, 1: 16056. https://doi.org/10.1038/nmicrobiol.2016.56.

[20] Hinchliff C E, Smith S A, Allman J F, *et al.* Synthesis of phylogeny and taxonomy into a comprehensive tree of life. Proc. Natl. Acad. Sci, USA, 2015, 112: 12764–12769.

[21] Eckburg P B, Bik E M, Bernstein C N, *et al.* Diversity of the human intestinal microbial flora. Science, 2005, 308: 1635–1638.

[22] Backhed F, Ley R E, Sonnenburg J L, *et al.* Host-bacterial mutualism in the human intestine. Science, 2005, 307: 1915–1920.

[23] Qin J, Li R, Raes J, *et al.* A human gut microbial gene catalogue established by metagenomic sequencing. Nature, 2010, 464: 59–65.

[24] Gill S R, Pop M, DeBoy R T, *et al.* Metagenomic analysis of the human distal gut microbiome. Science, 2006, 312: 1355–1359.

[25] Rabosky D L, Santini F, Eastman J, *et al.* Rates of speciation and morphological evolution are correlated across the largest vertebrate radiation. Nat. Commun., 2013, 4: 1958. https://doi.org/10.1038/ncomms2958.

[26] Bergquist P R. Porifera (Sponges). Encyclopedia of life sciences. Hoboken: John Wiley & Sons Ltd., 2001.

[27] Chapman A D. Numbers of living species in Australia and the world (second edition.). Canberra: Australian Biological Resources Study, 2009.

[28] Blackwell M. The fungi: 1, 2, 3 . . . 5.1 million species? Am. J. Bot., 2011, 98: 426−438.

[29] Pawlowski J, Audic S, Adl S, *et al*. CBOL Protist Working Group: barcoding eukaryotic richness beyond the animal, plant, and fungal kingdoms. PLoS Biol., 2012, 10(11): e1001419. https://doi.org/10.1371/journal.pbio.1001419.

[30] Adl S M, Simpson A G, Farmer M A, *et al*. The new higher level classification of eukaryotes with emphasis on the taxonomy of protists. Journal of Eukaryotic Microbiology, 2007, 57: 189−196.

[31] Stork N E, McBroom J, Gely C, *et al*. New approaches narrow global species estimates for beetles, insects, and terrestrial arthropods. Proc. Natl. Acad. Sci. USA, 2015, 112: 7519−7523.

[32] Fontaine B, Perrard A, Bouchet P. 21 years of shelf life between discovery and description of new species. Current Biol., 2012, 22: R943−R944.

[33] Wheeler Q D, Raven P H, Wilson E O. Taxonomy: impediment or expedient? Science, 2004, 303: 285.

[34] McCallum M L. Amphibian decline or extinction? Current declines dwarf back-ground extinction rate. J. Herpetol., 2007, 41: 483−491.

第五章参考文献

[1] Dobzhansky T. Nothing in biology makes sense except in the light of evolution. Am. Biol. Teach., 2013, 75: 87−91.

[2] International Human Genome Sequencing Consortium. Finishing the euchromatic sequence of the human genome. Nature, 2004, 431: 931−945.

[3] Grifo F, Rosenthal J. Biodiversity and human health. Washington DC: Island Press, 1997.

[4] Chivian E, Bernstein A. Sustaining life: how human health depends on biodiversity (third edition.). Oxford: Oxford University Press, 2008: 568.

[5] Sala O E, Meyerson L A, Parmesan C. (Eds.). Biodiversity change and human health: from ecosystem services to spread of disease. Scientific Committee on

Problems of the Environment (SCOPE) Series. First edition. Washington, DC: Island Press, 2012.

[6] Zhang J T. New drugs derived from medicinal plants. Therapie, 2002, 57: 137–150.

[7] Patwardhan B, Mashelkar R A. Traditional medicine-inspired approaches to drug discovery: can Ayurveda show the way forward? Drug Discov. Today, 2009, 14: 804–811.

[8] Proksch P, Edrada R A, Ebel R. Drugs from the seas—current status and microbiological implications. Appl. Microbiol. Biotechnol., 2002, 59: 125–134.

[9] Eilenberg H, Pnini-Cohen S, Schuster S, *et al*. Isolation and characterization of chitinase genes from pitchers of the carnivorous plant *Nepenthes khasiana*. J. Exp. Bot., 2006, 57: 2775–2784.

[10] Harris C S, Asim M, Saleem A, *et al*. Characterizing the cytoprotective activity of *Sarracenia purpurea* L., a medicinal plant that inhibits glucotoxicity in PC12 cells. BMC Complement Altern Med., 2012, 12: 245. www.biomedcentral.com/1472–6882/12/245.

[11] Mishra K, Sharma P, Diwaker N, *et al*. Plant derived antivirals: a potential source of drug development. J. Virol. Antiviral Res., 2013, 2: 2. https://doi.org/10.4172/2324–8955.1000109.

[12] Muhammad A, Guerrero-Analco J A, Martineau L C, *et al*. Antidiabetic compounds from *Sarracenia purpurea* used traditionally by the Eeyou Istchee Cree First Nation. J. Nat. Prod., 2012, 75: 1284–1288.

[13] Hotti H, Gopalacharyulu P, Seppanen-Laakso T, *et al*. Metabolite profiling of the carnivorous pitcher plants *Darlingtonia* and *Sarracenia*. PLoS ONE, 2017, 12 (2): e0171078. https://doi.org/10.1371/journal.pone.0171078.

[14] McIntosh M, Cruz L J, Hunkapiller M W, *et al*. Isolation and structure of a peptide toxin from the marine snail *Conus magus*. Arch. Biochem. Biophys., 1982, 218: 329–334.

[15] Skov M J, Beck J C, de Kater A, *et al*. Nonclinical safety of ziconotide: an intrathecal analgesic of a new pharmaceutical class. Int. J. Toxicol., 2007, 26: 411–421.

[16] Singh R, Sharma M, Joshi P, *et al*. Clinical status of anti-cancer agents derived

from marine sources. Anticancer Agents Med. Chem., 2008, 8: 603-617.

[17] Ruan B F, Zhu H L. The chemistry and biology of the Bryostatins: potential PKC inhibitors in clinical development. Curr. Med. Chem., 2012, 19: 2652-2664.

[18] Jordan M A, Wilson L. Microtubules as a target for anticancer drugs. Nat. Rev. Cancer, 2004, 4: 253-265.

[19] Magallon S, Gomez S, Sánchez Reyes L L, *et al.* A metacalibrated time-tree documents the early rise of flowering plant phylogenetic diversity. New Phytol., 2015, 207 (2): 437-453. https://doi.org/10.1111/nph.13264.

[20] Shah V V, Shah N D, Patrekar P V. Medicinal plants from Solanaceae family. Res. J. Pharm. Technol., 2013, 6: 143-151.

[21] Anderson E. Plants, man and life. Berkeley, Los Angeles and London: University of California Press, 1967: 256.

[22] Rahman A M, Akter M. Taxonomy and traditional medicinal uses of Apocynaceae (Dogbane) family of Rajshahi district, Bangladesh. Res. Rev. J. Bot. Sci., 2015, 4: 1-12.

[23] Katz L, Baltz R H. Natural product discovery: past, present, and future. J. Ind. Microbiol. Biotechnol., 2016, 43: 155-176.

[24] Tan G, Gyllenhaal C, Soejarto D D. Biodiversity as a source of anticancer drugs. Curr Drug Targets, 7: 2006, 265-277.

[25] Cragg G M, Newman D J. Natural products: a continuing source of novel drug leads. Biochim. Biophys Acta. - Gen. Sub., 2013, 1830: 3670-3695.

[26] Pennisi E. Untangling spider biology. Science, 2017, 358: 288-291.

[27] Service R F. Silken promises. Science, 2017, 358: 293-294.

[28] Eickmann M, Becker S, Klenk H D, *et al.* Phylogeny of the SARS coronavirus. Science, 2003, 302: 1504-1505.

[29] Guan Y, Zheng B, He Y, *et al.* Isolation and characterization of viruses related to the SARS coronavirus from animals in southern China. Science, 2003, 302: 276-278.

[30] Ou C Y, Ciesielski C A, Myers G, *et al.* Molecular epidemiology of HIV transmission in a dental practice. Science, 1992, 256: 1165-1171.

[31] Fitch W M, Bush R M, Bender C A, *et al.* Long term trends in the evolution of H (3) HA1 human influenza type A. Proc. Natl. Acad. Sci. USA, 1997, 94:

7712－7718.

[32] Bush R M, Bender C A, Subbarao K, *et al*. Predicting the evolution of human influenza A. Science, 1999, 286: 1921－1925.

[33] Cui H, Shi Y, Ruan T, *et al*. Phylogenetic analysis and pathogenicity of H3 subtype avian influenza viruses isolated from live poultry markets in China. Sci. Rep., 2016, 6: 27360. https://doi.org/10.1038/srep27360.

[34] Purvis A, Gittleman J L, Brooks T M. Phylogeny and conservation. Cambridge: Conservation Biology Series, 2005, 8: 1－16.

[35] Klein N K, Burns K J, Hackett S J, *et al*. Molecular phylogenetic relationships among the wood warblers (Parulidae) and historical biogeography in the Caribbean Basin. J. Caribbean Ornithol., 2004, 17: 3－17.

[36] Soltis D E, Albert V A, Leebens-Mack J, *et al*. The *Amborella* Genome Initiative: a genome for understanding the evolution of angiosperms. Genome Biol., 2008, 9: 402.

[37] Soltis, D E. Phylogeny and evolution of the angiosperms, revised and updated edition. University of Chicago Press, 2017.

[38] Amborella Genome Project. The complete nuclear genome of *Amborella trichopoda*: an evolutionary reference genome for the angiosperms. Science, 2013, 342 (6165): 1.

[39] Warren W C, Hillier L W, Graves J A M, *et al*. Genome analysis of the platypus reveals unique signatures of evolution. Nature, 2008, 453: 175－U171.

[40] Avise J C, Nelson W S. Molecular genetic relationships of the extinct dusky seaside sparrow. Science, 1989, 243: 646－648.

[41] Prie V, Puillandre N, Bouchet P. Bad taxonomy can kill: molecular reevaluation of *Unio mancus* Lamarck, 1819 (Bivalvia: Unionidae) and its accepted subspecies. Knowl. Manage. Aquat. Ecosyst., 2012, 405: 18.

[42] Lahaye R, Van der Bank M, Bogarin D, *et al*. DNA barcoding the floras of biodiversity hotspots. Proc. Natl. Acad. Sci. USA, 2008, 105: 2923－2928.

[43] Ulloa C U, Acevedo-Rodriguez P, Beck S, *et al*. An integrated assessment of the vascular plant species of the Americas. Science, 2017, 358: 1614－1617.

[44] Givnish T J. A new world of plants. Science, 2017, 358: 1535－1536.

[45] Vázquez D P, Gittleman J L. Biodiversity conservation: does phylogeny matter? Curr. Biol., 1998, 8: R379－R381.

[46] Allen J M, Germain-Aubrey C C, Barve N, *et al*. Spatial phylogenetics of Florida vascular plants: the effects of calibration and uncertainty on diversity estimates. iScience, 2019, 11: 57−70.

[47] Lu L M, Mao L, Yang T, *et al*. Evolutionary history of the angiosperm flora of China. Nature, 2018, 554: 234−238. doi: /10.1038/nature25485.

[48] Faith D P. Conservation evaluation and phylogenetic diversity. Biol. Conserv., 1992, 61: 1−10.

[49] Mishler B D, Knerr N, González-Orozco C E, *et al*. Phylogenetic measures of biodiversity and neo-and paleo-endemism in Australian Acacia. Nat. Commun., 2014, 5: 4473. https://doi.org/10.1038/ncomms5473.

[50] Forest F, Grenyer R, Rouget M, *et al*. Preserving the evolutionary potential of floras in biodiversity hotspots. Nature, 2007, 445: 757−760.

[51] Noss R F, Platt W J, Sorrie B A, *et al*. How global biodiversity hotspots may go unrecognized: lessons from the North American Coastal Plain. Diversity Distrib., 2015, 21: 236−244.

[52] Stein B A, Kutner L S, Adams J S. (Eds.). Precious heritage: the status of biodiversity in the United States. New York: Oxford University Press, 2000.

[53] Kuntner M, Năpăruş-Aljančič M, Li D, *et al*. Phylogeny predicts future habitat shifts due to climate change. PLoS ONE, 2014, 9: e98907. https://doi.org/10.1371/journal.pone.0098907.

[54] Lawing A M, Polly P D. Pleistocene climate, phylogeny, and climate envelope models: an integrative approach to better understand species' response to climate change. PLoS ONE, 2011, 6(12): e28554. https://doi.org/10.1371/journal.pone.0028554.

[55] Willis C G, Ruhfel B, Primack R B, *et al*. Phylogenetic patterns of species loss in Thoreau's woods are driven by climate change. Proc. Natl. Acad. Sci. USA, 2008, 105: 17029−17033.

[56] Soltis D E, Mort M E, Latvis M, *et al*. Phylogenetic relationships and character evolution analysis of Saxifragales using a supermatrix approach. Am. J. Bot., 2013, 100: 916−929.

[57] de Casas R R, Soltis P S, Mort M E, *et al*. The influence of habitat on the evolution of plants: a case study across Saxifragales. Ann. Bot., 2016, 18: 1317−1328.

[58] Smykal P, Coyne C J, Ambrose M J, *et al*. Legume crops phylogeny and genetic diversity for science and breeding. CRC Crit. Rev. Plant Sci., 2015, 34: 43－104.

[59] Handa T, Kita K, Wongsawad P, *et al*. Molecular phylogeny-assisted breeding of ornamentals. J. Crop Improv., 2006, 17: 51－68. https://doi.org/10.1300/J411v17n01_03.

[60] Takashi H, Koichi K, Pheravut W, *et al*. Molecular phylogeny-assisted breeding of ornamentals. J. Crop Improv., 2006, 17: 51－68.

[61] Stern D B, Nallar E C, Rathod J, *et al*. DNA barcoding analysis of seafood accuracy in Washington, D.C. restaurants. Peer J., 2017, 5: e3234. https://doi.org/10.7717/peerj.3234.

[62] Warner K, Timme W, Lowell B, *et al*. Oceana study reveals seafood fraud nationwide. Washington, DC: Oceana, 2013.

[63] Willette D A, Simmonds S E, Cheng S H, *et al*. Using DNA barcoding to track seafood mislabeling in Los Angeles restaurants. Conserv. Biol., 2017, 31: 1076－1085.

[64] Biswas S, Fan W, Li R, *et al*. The development of DNA based methods for the reliable and efficient identification of *Nicotiana tabacum* in tobacco and its derived products. Int. J. Anal. Chem., 2016: 4352308. https://doi.org/10.1155/2016/4352308.

[65] Coyle H M, Palmbach T, Juliano N, *et al*. An overview of DNA methods for the identification and individualization of marijuana. Croat. Med. J., 2003, 44: 315－321.

[66] Linacre A, Thorpe J. Detection and identification of cannabis by DNA. Forensic Sci. Int., 1998, 91: 71－76.

[67] Staginnus C, Zoerntlein S, de Meijer E. A PCR marker linked to a THCA synthase polymorphism is a reliable tool to discriminate potentially THC-rich plants of *Cannabis sativa* L. J. Forensic Sci., 2014, 59: 919－926.

[68] UN. Best practice guide for forensic timber identification. Vienna: UNODC, 2016. www.unodc.org/documents/Wildlife/Guide_Timber.pdf.

[69] Finkeldey R, Leinemann L, Gailing O. Molecular genetic tools to infer the origin of forest plants and wood. Appl. Microbiol. Biotechnol., 2010, 85: 1251－1258.

[70] Dormontt E E, Boner M, Braun B, *et al*. Forensic timber identification: it's time to integrate disciplines to combat illegal logging. Biol. Conserv., 2015, 191: 790−798.

[71] Valentini A, Taberlet P, Miaud C, *et al*. Next-generation monitoring of aquatic biodiversity using environmental DNA metabarcoding. Mol. Ecol., 2016, 25: 929−942.

[72] Olds B P, Jerde C L, Renshaw M A, *et al*. Estimating species richness using environmental DNA. Ecol. Evol., 2016, 6: 4214−4226.

[73] Evans N T, Olds B P, Renshaw M A, *et al*. Quantification of mesocosm fish and amphibian species diversity via environmental DNA metabarcoding. Mol. Ecol. Resour., 2016, 16: 29−41.

[74] Naeem S, Bunker D E, Hector A, *et al*. Introduction: the ecological and social implications of changing biodiversity. An overview of a decade of biodiversity and ecosystem functioning research//Naeem S. (eds.). Biodiversity, ecosystem functioning, and human wellbeing: an ecological and economic perspective. Oxford: Oxford University Press, 2009: 3−13. https://doi.org/10.1093/acprof:oso/9780199547951.001.0001.

[75] Costanza R, de Groot R, Sutton P, *et al*. Changes in the global value of ecosystem services. Global Environ. Change, 2014, 26: 152−158.

[76] Holzman D C. Accounting for nature's benefits: the dollar value of ecosystem services. Environ. Health Perspect, 2012, 120 (4): A152−A157.

[77] Palmer M, Bernhardt E, Chornesky E, *et al*. Ecology for a crowded planet. Science, 2004, 304, 1251−1252.

[78] Kremen C. Managing ecosystem services: what do we need to know about their ecology? Ecol. Lett., 2005, 8(5): 468−479.

[79] Gorke M. The death of our planet's species. Washington: Island Press, 2003.

[80] Thoreau H D. Walden//Cramer J S. (eds.). A Fully Annotated Edition. New Haven: Yale University Press, 2004.

[81] Muir J. Steep trails. Boston: Houghton Mifflin, 1918.

[82] Byg A, Vormisto J, Balslev H. Influence of diversity and road access on palm extraction at landscape scale in SE Ecuador. Biodivers. Conserv., 2007, 16: 631−642.

[83] Mertz O, Ravnborg H M, Lovei G L, *et al*. Ecosystem services and biodiversity

in developing countries. Biodivers. Conserv., 2007, 16: 2729–2737.
[84] Peters C M, Gentry A H, Mendelsohn R O. Valuation of an Amazonian rainforest. Nature, 1989, 339: 655–656.
[85] Dowie M. Conservation refugees: the hundred-year conflict between global conservation and native peoples. Boston: MIT Press, 2009.
[86] Purnell R. One guy with a flyrod. Flyfisherman, 2018, 49 (1): 40–47.
[87] Kirby K R, Laurance W F, Albernaz A K, *et al*. The future of deforestation in the Brazilian Amazon. Futures, 2006, 38(113): 432–453. https://doi.org/10.1016/j.futures.2005.07.011.
[88] Fernside P M. Deforestation in Brazilian Amazonia: history, rates, and consequences. Conserv. Biol., 2005, 19: 680–688.
[89] May R M. Why worry about how many species and their loss? PLoS Biol, 2011, 9 (8): e1001130. https://doi.org/10.1371/journal.pbio.1001130.
[90] Ehrlich P R, Ehrlich A H. Extinction: the causes and consequences of the disappearance of species. New York: Random House, 1981.
[91] Wilson E O. Half-earth. New York: Liveright Publishing Corporation, 2016: 16.
[92] Diamond J. Collapse: How societies choose to fail or survive. London: Penguin Books, 2011.
[93] Klinkenborg V. How to destroy species, including us. New York: The New York Review of Books, 2014. www.nybooks.com/articles/2014/03/20/how-to-destroyspecies-including-us/.
[94] Kolbert E. The sixth extinction: an unnatural history. London: Bloomsbury Publishing, 2014.
[95] Cafaro P. Recent books on species extinction. Biol. Conserv., 2015, 181: 245–257.

第六章参考文献

[1] Kozlovsky D G. An ecological and evolutionary ethic. Englewood Cliffs: Prentice-Hall, 1974.
[2] Stearns B P, Stearns S C. Watching, from the edge of extinction. New Haven: Yale University Press, 2000.
[3] Newman M E J. A model of mass extinction. J. Theor. Biol., 1997, 189: 235–252.

[4] Novacek M J. Prehistory's brilliant future. New York Times: November 9, 2014, SR6.

[5] De Vos J M, Joppa L N, Gittleman J L, *et al*. Estimating the normal background rate of species extinction. Conserv. Biol., 2015, 29: 452−462.

[6] May R, Lawton J, Stork N. Assessing extinction rates. Oxford: Oxford University Press, 1995.

[7] Alvarez L W, Alvarez W, Asaro F, *et al*. Extraterrestrial cause for the cretaceous-tertiary extinction—experimental results and theoretical interpretation. Science, 1980, 208: 1095−1108.

[8] Schulte P, Alegret L, Arenillas I, *et al*. The Chicxulub asteroid impact and mass extinction at the Cretaceous-Paleogene boundary. Science, 2010, 327: 1214−1218.

[9] Fawcett J A, Maere S, van de Peer Y. Plants with double genomes might have had a better chance to survive the Cretaceous-Tertiary extinction event. Proc. Natl. Acad. Sci. USA, 2009, 106: 5737−5742. https://doi.org/10.1073/PNAS.0900906106.

[10] Longrich N R, Tokaryk T, Field D J. Mass extinction of birds at the Cretaceous-Paleogene (K-Pg) boundary. Proc. Natl. Acad. Sci. USA, 2011, 108: 15253−15257.

[11] Longrich N R, Bhullar B A S, Gauthier J A. Mass extinction of lizards and snakes at the Cretaceous-Paleogene boundary. Proc. Natl. Acad. Sci. USA, 2012, 109: 21396−21401.

[12] Rehan S M, Leys R, Schwarz M P. First evidence for a massive extinction event affecting bees close to the K-T boundary. PLoS ONE, 2013, 8: e76683.

[13] Raup D M, Jablonski D. Geography of end-Cretaceous marine bivalve extinctions. Science, 1993, 260: 971−973.

[14] Benton M J. When life nearly died: the greatest mass extinction of all time. London: Thames & Hudson, 2005.

[15] BarnoskyA D, Matzke N, Tomiya S, *et al*. Has the Earth's sixth mass extinction already arrived? Nature, 2011, 471: 51−57.

[16] Kolbert E. The sixth extinction: an unnatural history. London: Bloomsbury Publishing, 2014.

[17] Pimm S L, Jenkins C N, Abell R, *et al*. The biodiversity of species and their rates of extinction, distribution, and protection. Science, 2014, 344: 987.

[18] Vignieri S. Vanishing fauna. Science, 2014, 345: 393–396.

[19] Ceballos G, Ehrlich P R, Barnosky A D, *et al*. Accelerated modern human-induced species losses: entering the sixth mass extinction. Sci. Adv., 2015, 1: e1400253.

[20] Payne J L, Bush A M, Heim N A, *et al*. Ecological selectivity of the emerging mass extinction in the oceans. Science, 2016, 353: 1284–1286.

[21] Cafaro P. Recent books on species extinction. Biol. Conserv., 2015, 181: 245–257.

[22] Kolbert E. Field notes from a catastrophe: man, nature, and climate change. London: Bloomsbury Publishing, 2015.

[23] Crutzen P J, Stoermer E F. The Anthropocene. Global Change Newsl., 2000, 41: 17–18.

[24] Ceballos G, Ehrlich P R, Dirzo R. Biological annihilation via the ongoing sixth mass extinction signaled by vertebrate population losses and declines. Proc. Natl. Acad. Sci. USA, 2017, 114: E6089–E6096.

[25] Edgeworth M, Richter D D, Waters C, *et al*. Diachronous beginnings of the Anthropocene: the lower bounding surface of anthropogenic deposits. Anthropocene Rev., 2015, 2: 33–58.

[26] Lewis S L, Maslin M A. Defining the Anthropocene. Nature, 2015, 519: 171–180.

[27] Wake D B, Vredenburg VT. Are we in the midst of the sixth mass extinction? A view from the world of Amphibians. Proc. Natl Acad Sci USA, 2008, 105: 11466–11473.

[28] Barnosky A D. Palaeontological evidence for defining the Anthropocene. Geol Soc Spec Publ, 2014, 395: 149–165.

[29] Crutzen P J. Geology of mankind. Nature, 2002, 415: 23.

[30] Richter Jr D D. Humanity's transformation of Earth's soil: pedology's new frontier. Soil Sci., 2007, 172: 957–967.

[31] Amundson R, Jenny H. The place of humans in the state factor theory of ecosystems and their soils. Soil Sci., 1991, 151: 99–109.

[32] Zalasiewicz J, Williams M, Steffen W, *et al*. Response to "The Anthropocene forces us to reconsider adaptationist models of human-environment interactions" . Environ. Sci. Technol., 2010, 44: 6008.

[33] Gillespie R. Updating Martin's global extinction model. Quat. Sci. Rev., 2008, 27: 2522–2529.

[34] Martin P S. Prehistoric overkill//Martin P S, Wright Jr H E. (Eds.). Pleistocene extinctions: the search for a cause. New Haven: Yale University Press, 1967: 75–120.

[35] Steadman D R. Extinction and biogeography of tropical pacific birds. Chicago: University of Chicago Press, 2006.

[36] Brummitt N, Bachman S P, Moat J. Applications of the IUCN Red List: towards a global barometer for plant diversity. Endangered Species Res., 2008, 6: 127–135.

[37] Joppa L N, Roberts D L, Myers N, *et al*. Biodiversity hotspots house most undiscovered plant species. Proc. Natl. Acad. Sci. USA, 2011a, 108: 13171–13176.

[38] McCallum M L. Amphibian decline or extinction? Current declines dwarf background extinction rate. J. Herpetol., 2007, 41: 483–491.

[39] Kerby J L, Richards-Hrdlicka K L, Storfer A, *et al*. An examination of amphibian sensitivity to environmental contaminants: are amphibians poor canaries? Ecol. Lett., 2010, 13: 60–67.

[40] Tedesco P A, Bigorne R, Bogan A E, *et al*. Estimating how many undescribed species have gone extinct. Conserv. Biol., 2014, 28: 1360–1370.

[41] Pereira H M, Leadley P W, Proenca V, *et al*. Scenarios for global biodiversity in the 21st century. Science, 2010, 330: 1496–1501.

[42] Scott J M. Threats to biological diversity: global, continental, local. U.S. Geological Survey, Idaho Cooperative Fish and Wildlife, Research Unit, University of Idaho, 2008.

[43] McCauley D J, Pinsky M L, Palumbi S R, *et al*. Marine defaunation: animal loss in the global ocean. Science, 2015, 347: 247–253.

[44] IUCN. The IUCN Red List of Threatened Species. Gland, Switzerland: IUCN, 2014. www.iucnredlist.org.

[45] Greenberg J. A feathered river across the sky: The passenger pigeon's flight to extinction. London: Bloomsbury Press, 2014.

[46] Turvey S. Witness to extinction: how we failed to save the Yangtze River dolphin. Oxford: Oxford University Press, 2008.

[47] Stanford C. Planet without apes. Cambridge: Harvard University Press, 2012.

[48] Foster D R. Hemlock: a forest giant on the edge. Arnoldia (Jamaica Plain), 2014, 71: 12–25.

[49] Vitousek P M, Mooney H A, Lubchenco J, *et al.* Human domination of Earth's ecosystems. Science, 1997, 277: 494–499.

[50] Sarkar A N. Global climate change and confronting the challenges of food security. Productivity, 2016, 57: 115–122.

[51] McKee J K, Sciulli P W, Fooce C D, *et al.* Forecasting global biodiversity threats associated with human population growth. Biol. Conserv., 2004, 115: 161–164.

[52] Pimm S L, Raven P. Biodiversity—extinction by numbers. Nature, 2000, 403: 843–845.

[53] Kareiva P, Watts S, McDonald R, *et al.* Domesticated nature: shaping landscapes and ecosystems for human welfare. Science, 2007, 316: 1866–1869.

[54] Scheffers B R, De Meester L, Bridge T C L, *et al.* The broad footprint of climate change from genes to biomes to people. Science, 2016, 354: 719.

[55] Feeley K J, Silman M R, Bush M B, *et al.* Upslope migration of Andean trees. J. Biogeogr., 2011, 38: 783–791.

[56] Freeman B G, Freeman A M C. Rapid upslope shifts in New Guinean birds illustrate strong distributional responses of tropical montane species to global warming. Proc. Natl. Acad. Sci. USA, 2014, 111: 4490–4494.

[57] Brusca R C, Wiens J F, Meyer W M, *et al.* Dramatic response to climate change in the Southwest: Robert Whittaker's 1963 Arizona Mountain plant transect revisited. Ecol. Evol., 2013, 3: 3307–3319.

[58] Panchen Z A, Primack R B, Aniśko T, *et al.* Herbarium specimens, photographs, and field observations show Philadelphia area plants are responding to climate change. Am. J. Bot., 2012, 99: 751–756. https://doi.org/10.3732/ajb.1100198.

[59] Davis C C, Willis C G, Connolly B, *et al.* Herbarium records are reliable sources of phenological change driven by climate and provide novel insights into species' phenological cueing mechanisms. Am. J. Bot., 2015, 102: 1599–1609.

[60] Willis C G, Ellwood E R, Primack R B, *et al.* Old plants, new tricks: phenological research using herbarium specimens. Trends Ecol. Evol., 2017, 32: 531–546.

[61] Gaira K S, Rawal R S, Rawat B, *et al*. Impact of climate change on the flowering of *Rhododendron arboreum* in central Himalaya, India. Curr. Sci., 2014, 106: 1735−1738.

[62] Park I W, Schwartz M D. Long-term herbarium records reveal temperature dependent changes in flowering phenology in the southeastern USA. Int. J. Biometeorol., 2015, 59: 347−355.

[63] Miller-Rushing A J, Primack R B. Global warming and flowering times in Thoreau's concord: a community perspective. Ecology, 2008, 89: 332−341.

[64] Carey C. The impacts of climate change on the annual cycles of birds. Philos. Trans. R. Soc. Lond B Biol. Sci., 2009, 364: 3321−3330. https://doi.org/10.1098/rstb.2009.0182.

[65] Wiens J J. Climate-related local extinctions are already widespread among plant and animal species. PLoS Biol, 2016, 14 (12): e2001104. https://doi.org/10.1371/journal.pbio.2001104.

[66] Urban M C. Accelerating extinction risk from climate change. Science, 2015, 348: 571−573.

[67] Stanley G D. The evolution of modern corals and their early history. Earth Sci. Rev., 2003, 60: 195−225.

[68] Pratt B R, Spincer B R, Wood R A, *et al*. Ecology and evolution of Cambrian reefs//Zhuravlev A Y, Riding R. (Eds.). The ecology of the Cambrian Radiation. New York: Columbia University Press, 2001: 254−274.

[69] Vinn O, Motus M-A. Diverse early endobiotic coral symbiont assemblage from the Katian (Late Ordovician) of Baltica. Palaeogeogr. Palaeoclimatol. Palaeoecol., 2012, 321: 137−141.

[70] Hughes T P, Kerry J T, Wilson S K. Global warming and recurrent mass bleaching of corals. Nature, 2017, 543: 373−377.

[71] Urban M C, Bocedi G, Hendry A P, *et al*. Improving the forecast for biodiversity under climate change. Science, 2016, 353: 1113.

[72] Faison E K, Foster D R. Did American chestnut really dominate the eastern forest? Arnoldia, 2014, 72 (2): 18−32.

[73] Freinkel S. American chestnut: the life, death, and rebirth of a perfect tree. Berkeley: University of California Press, 2007.

[74] Hubbes M. The American elm and Dutch elm disease. For. Chron., 1999, 75:

265-273.

[75] Foster D, Baiser B, Plotkin A, *et al.* Hemlock: a forest giant on the edge. New Haven: Yale University Press, 2014.

[76] Hanula J L, Mayfield III A E, Fraedrich S W, *et al.* Biology and host associations of redbay ambrosia beetle (Coleoptera: Curculionidae: Scolytinae), exotic vector of laurel wilt killing redbay trees in the southeastern United States. J. Econ. Entomol., 2008, 101: 1276-1286.

[77] Fraedrich S W, Harrington T C, Rabaglia R J, *et al.* A fungal symbiont of the redbay ambrosia beetle causes a lethal wilt in redbay and other Lauraceae in the southeastern United States. Plant Dis., 2008, 92: 215-224.

[78] Koch F H, Smith W D. Spatio-temporal analysis of *Xyleborus glabratus* (Coleoptera: Circulionidae: Scolytinae) invasion in eastern US forests. Environ. Entomol., 2008, 37: 442-452.

[79] Rabaglia R. *Xyleborus glabratus*. Exotic Forest Pest Information System for North America, 2008. http://spfnic.fs.fed.us/exfor/data/pestreports.cfm?pestidval5148&langdisplay5english (18 April 2011).

[80] Mayfield A E, Thomas M C. The redbay ambrosia beetle, *Xyleborus glabratus* Eichhoff (Scolytinae: Curculionidae). FDACS-Division of Plant Industry, 2009. www.freshfromflorida.com/pi/enpp/ento/x.glabratus.html.

[81] Riggins J J, Hughes M, Smith J A, *et al.* First occurrence of laurel wilt disease caused by *Raffaelea lauricola* on redbay trees in Mississippi. Plant Dis., 2010, 94: 634-635.

[82] Smith J A, Mount L, Mayfield III A E, *et al.* First report of laurel wilt disease caused by *Raffaelea lauricola* on camphor in Florida and Georgia. Plant Dis., 2009, 93: 198.

[83] Wilcove D S. The condor's shadow: the loss and recovery of wildlife in America. New York: W.H. Freeman & Company, 1999.

[84] Sandin S A, Smith J E, DeMartini E E, *et al.* Baselines and degradation of coral reefs in the Northern Line Islands. PLoS ONE, 2008, 3 (2): 1-11.

[85] Myers R A, Baum J K, Shepherd T D, *et al.* Cascading effects of the loss of apex predatory sharks from a coastal ocean. Science, 2007, 315: 1846-1850.

[86] Estes J A, Duggins D O, Rathbun G B. The ecology of extinctions in kelp forest communities. Conserv. Biol., 1989, 3: 252-264.

[87] Estes J A, Tinker M T, Williams T M, *et al.* Killer whale predation on sea otters linking oceanic and nearshore ecosystems. Science, 1998, 282: 473–476.

[88] Sanders D, Thébault E, Kehoe R, *et al.* Trophic redundancy reduces vulnerability to extinction cascades. Proc. Natl. Acad. Sci. USA, 2018, 115: 2419–2424.

[89] Paine R T. A conversation on refining the concept of keystone species. Conserv. Biol., 1995, 9: 962–964.

[90] Davis D E. Historical significance of American chestnut to Appalachian culture and ecology//Steiner K C, Carlson J F. (Eds.). Proceedings of the conference on restoration of American chestnut of forest lands. The North Carolina Arboretum, 2006.

[91] Dalgleish H J, Swihart R K. American chestnut past and future: implications of restoration for resource pulses and consumer populations of eastern US forests. Restor. Ecol., 2012, 20: 490–497.

[92] Opler P A. Insects of American chestnut: possible importance and conservation concern//MacDonald W L. (Ed.). Proceedings of the American chestnut symposium: Morgantown, West Virginia, January 4–5, West Virginia University. Radnor: College of Agriculture and Forestry, Northeastern Forest Experiment Station, 1978: 83–84.

[93] Siddig A A H, Ellison A M, Mathewson B G. Assessing the impacts of the decline of *Tsuga canadensis* stands on two amphibian species in a New England forest. Ecosphere, 2016, 7(11): e01574. https://doi.org/10.1002/ecs2.1574.

[94] Tingley M W, Orwig D A, Field R, *et al.* Avian response to removal of a forest dominant: consequences of hemlock woolly adelgid infestations. J. Biogeogr., 2002, 29: 1505–1516.

[95] Hoffmann M, Hilton-Taylor C, Angulo A, *et al.* The impact of conservation on the status of the world's vertebrates. Science, 2010, 330: 1503–1509.

[96] Rodrigues A S L, Andelman S J, Bakarr M I, *et al.* Effectiveness of the global protected area network in representing species diversity. Nature, 2004, 428: 640–643.

[97] Joppa L N, Roberts D L, Pimm S L. How many species of flowering plants are there? Proc. R. Soc. B Biol. Sci., 2011b, 278: 554–559.

[98] Myers N, Mittermeier R A, Mittermeier C G, *et al*. Biodiversity hotspots for conservation priorities. Nature, 2000, 403: 853−858.

[99] Wilson E O. Half-earth. New York: Liveright Publishing Corporation, 2016.

[100] Hiss T. Can the world really set aside half the planet for wildlife? Smithsonian, 2014, 45: 66−78.

[101] Costello M J, May R M, Stork N E. Can we name earth's species before they go extinct? Science, 2013, 339: 413−416.

第六章进一步阅读

Ehrlich P R, Ehrlich A. Extinction. The causes and consequences of the disappearance of species. New York: Random House, 1981.

Gorke M. The death of our planet's species: a challenge to ecology and ethics. Washington: Island Press, 2003.

May R M. Why worry about how many species and their loss? PLoS Biol., 2011, 9 (8): e1001130. https://doi.org/10.1371/journal.pbio.1001130.

Peterson Stearns B, Stearns S C. Watching, from the edge of extinction. New Haven: Yale University Press, 1999.

Pimm S L. A scientist audits the Earth, second revised edition. New Brunswick: Rutgers University Press, 2004.

Pimm S L, Russell G J, Gittleman J L, *et al*. The future of biodiversity. Science, 1995, 269: 347−350.

Royal Botanical Gardens, Kew. State of the world plants. London: Royal Botanic Gardens, Kew, 2016. www.kew.org/science/who-we-are-and-what-we-do/strategic-outputs-2020/state-of-the-worldsplants.

第七章参考文献

[1] Wells H G. Outline of history. Garden City: Garden City Publishing Co., Inc., 1920.

[2] Ballen C J, Greene H W. Walking and talking the Tree of Life: why and how to teach about biodiversity. PLoS Biol, 2017, 15(3): e2001630. https://doi.org/10.1371/journal.pbio.2001630.

[3] Baum D A, Smith S D. Tree thinking. New York: Freeman W H and Company, 2012.

[4] Hall B G. Phylogenetic trees made easy: a how to manual. Sunderland: Sinauer Associates, 2011.

[5] Wilson E O. Half-earth. New York: Liveright Publishing Corporation, 2016.

[6] Louv R. Last child in the woods: saving our children from nature-deficit disorder. Chapel Hill: Algonquin Books, 2005.

[7] Louv R. The nature principal: human restoration and the end of the nature deficit disorder. Chapel Hill: Algonquin Books, 2011.

[8] Choe R. Why we must reconnect with nature. New York: Earth Institute, Columbia University, 2011. http://blogs.ei.columbia.edu/2011/05/26/why-we-must-reconnectwith- nature/.

[9] Joppa L N, Roberts D L, Myers N, *et al*. Biodiversity hotspots house most undiscovered plant species. Proc. Natl. Acad. Sci. USA, 2011, 108: 13171－13176.

[10] Brummitt N A, Bachman S P, Griffiths-Lee J, *et al*. Green plants in the red: a baseline global assessment for the IUCN sampled red list index for plants. PLoS ONE, 2015, 10(8): e0135152. https://doi.org/10.1371/journal.pone.0135152.

[11] Royal Botanical Gardens, Kew. State of the world's plants. London: Royal Botanical Gardens, Kew, 2016. https://stateoftheworldsplants.com/2016/.

[12] Hinchliff C E, Smith S A, Allman J F, *et al*. 2015. Synthesis of phylogeny and taxonomy into a comprehensive tree of life. Proc. Natl. Acad. Sci. USA, 112: 12764－12769.

译后记

2024年7月28日，第二十届国际植物学大会（XX International Botanical Congress）在西班牙马德里的IFEMA会展中心落下帷幕。与来自世界各地的植物学同行一样，会后我也踏上了归途。尽管飞机的引擎“隆隆”轰鸣，但我闭上眼睛，耳朵里回响着的却是《马德里宣言》中“生物多样性保护”的强烈呼声，以及伦敦自然博物馆的桑德拉·克纳普（Sandra Knapp）博士所做的开幕式主题报告“Why Botany? Why Now?”（“为何是植物学？为何是现在？”）。面对人类世的各种异常气候和自然灾难，我和克纳普博士有着共同的心声：“At this critical time in Earth history, it is more important than ever to work together”（在地球历史的这个关键时期，携手合作比以往任何时期更重要）。

同样，译著《伟大的生命之树：地球生命进化全景图》的顺利问世得益于我们的齐心协力。本书的译者团队由来自我国12家高校和研究单位、分别从事植物分类和系统进化研究的学者组成：既有“985”和“211”大学的教师，也有地方高校的研究人员，还有中国科学院的科学家。我们都奔向同一个目标：把这本深入浅出介绍生命进化和生物多样性的优秀科普读物翻译为中文，让国内读者深刻领悟生物多样性保护的重要性。

我们能拥有如此一致的翻译决定，既与相近的志趣和理想有关，也与都曾在索尔蒂斯院士夫妇（本书作者，APG 被子植物系统发育小组先驱成员）实验室从事博士、博士后或访学研究的难得机缘有关。其中，我在索尔蒂斯院士夫妇实验室从事博士后研究 5 年，在此期间他们给我留下的最深刻印象是“做最大的学问，也从事最淳朴、最本真的科普”。他们此生获得无数荣誉，却从未以学术泰斗自居，长期亲力亲为地参与社区、学校和实验室的科普活动。

如同本书第五章“生命之树的价值”末尾提到的那样，我们在世界顶尖科学家的团队学习和深造后回国，怀着对“伟大的生命之树”更深的情怀、更多的理解和感悟翻译本书。我们希望通过本书的引进使更多人受到教育和启发：意识到生命之树上的万物与我们人类同呼吸、共命运，从而有助于保护大自然——地球生命共同的家园。

我们的祖先从“神农尝百草”起就与植物、动物有着千丝万缕的联系。中华上下五千年的人文历史就是我们与大自然和谐共处的智慧结晶，也是我们的文化习俗、文明和命运与生命之树上的数百万种生物密切联结的必然结果。我非常不希望看到我的孩子和学生沉迷于手机、视频和游戏，用一些肤浅易得的快乐来毒害自己，却对五彩缤纷的自然世界一脸茫然，甚至五谷不分；或对着书本上、视频中的植物大谈宏观进化、时空格局和系统发育多样性，而在现实生活中了解的植物寥寥无几，以致毕业后嘴里叼着路边剧毒的夹竹桃的花枝拍照……我特别希望看到他们能博物广识，好奇世界，关爱自然，关注周边草绿花开、鸟啼蛙鸣，实现本书第七章“生命之树教育”阐述的那些美好愿景。我们周边的生命和我们自己都源自大自然，犹如“身体发肤，受之父母”，因而我们要用心呵护，必要时复归于大自然。这就像我老家的俗话说的那样，“好借好还，再借不难”。

在这个信息爆炸、社会瞬息万变的时代，生活节奏快如闪电，能度过慢时光、静下心来认真读书越来越不容易。随着社会的变迁，或是图书太多的缘故，好（hǎo）书不容易选来读了，也很少有人把书读好，更少有人好（hào）读书了。然而，“书籍是人类进步的阶梯”，我期待本书能成为对相关领域感兴趣的大众读者的精神食粮。

本书的顺利出版还离不开上海科学技术出版社的支持。唐继荣编辑不仅字斟句酌，还与我们一道仔细复核相关数据，展现出令人惊叹的严谨。

本书的翻译如春蚕吐丝，漫长而细致，尽管如此，纰漏仍在所难免。敬请读者宽容，并提出宝贵意见，以便重印时提高。士超兄和我的电子邮件地址是：

陈士超：scchen@tongji.edu.cn；

孙　苗：miaosun@mail.hazu.edu.cn。

孙　苗

2024 年 7 月 28 日

完成于第二十届国际植物学大会返程航班上

科学新视角丛书

《深海探险简史》
［美］罗伯特・巴拉德　著　罗瑞龙　宋婷婷　崔维成　周　悦　译
本书带领读者离开熟悉的海面，跟随着先驱们的步伐，进入广袤且永恒黑暗的深海中，不畏艰险地进行着一次又一次的尝试，不断地探索深海的奥秘。

《万物终结简史：人类、星球、宇宙终结的故事》
［英］克里斯・英庇　著　周　敏　译
本书视角宽广，从微生物、人类、地球、星系直到宇宙，从古老的生命起源、现今的人类居住环境直至遥远的未来甚至时间终点，从身边的亲密事物、事件直至接近永恒以及永恒的各种可能性。

《耕作革命——让土壤焕发生机》
［美］戴维・蒙哥马利　著　张甘霖　译
当前社会人口不断增长，土地肥力却在不断下降，现代文明再次面临粮食危机。本书揭示了可持续农业的方法——免耕、农作物覆盖和多样化轮作。这三种方法的结合，能很好地重建土地的肥力，提高产量，减少污染（化学品的使用），并且还可以节能减排。

《理化学研究所：沧桑百年的日本科研巨头》
［日］山根一真　著　戎圭明　译
理化学研究所百年发展历程，为读者了解日本的科研和大型科研机构管理提供了有益的参考。

《纯科学的政治》
［美］丹尼尔・S. 格林伯格　著　李兆栋　刘　健　译　方益昉　审校
基于科学界内部以及与科学相关的诸多人的回忆和观点，格林伯格对美国科学何以发展壮大进行了厘清，从中可以窥见美国何以成为世界科学中心，对我国的科学发展、科研战略制定、科学制度完善和科学管理有借鉴意义。

《写在基因里的食谱——关于基因、饮食与文化的思考》
［美］加里・保罗・纳卜汉　著　秋　凉　译
这一关于人群与本地食物协同演化的探索是如此及时……将严谨的科学和逸闻趣事结合在一起，纳卜汉令人信服地阐述了个人健康既来自与遗传背景相适应的食物，也来自健康的土地和文化。

《解密帕金森病——人类 200 年探索之旅》
［美］乔恩・帕尔弗里曼　著　黄延焱　译
本书引人入胜的叙述方式、丰富的案例和精彩的故事，展现了人类征服帕金森病之路的曲折和探索的勇气。

《巨浪来袭——海面上升与文明世界的重建》
［美］杰夫・古德尔　著　高　抒　译
随着全球变暖、冰川融化，海面上升已经是不争的事实。本书是对这场即将到来的灾难的生动解读，作者穿越 12 个国家，聚焦迈阿密、威尼斯等正受海面上升影响的典型城市，从气候变化前线发回报道。书中不仅详细介绍了海面上升的原因及其产生的后果，还描述了不同国家和人们对这场危机的不同反应。

《人为什么会生病：人体演化与医学新疆界》

［美］杰里米·泰勒（Jeremy Taylor）著　秋　凉　译

本书视角新颖，以一种全新而富有成效的方式追溯许多疾病的根源，从而使我们明白人为什么易患某些疾病，以及如何利用这些知识来治疗或预防疾病。

《法拉第和皇家研究院——一个人杰地灵的历史故事》

［英］约翰·迈里格·托马斯（John Meurig Thomas）著　周午纵　高　川　译

本书以科学家的视角讲述了19世纪英国皇家研究院中发生的以法拉第为主角的一些人杰地灵的故事，皇家研究院浓厚的科学和文化氛围滋养着法拉第，法拉第杰出的科学发现和科普工作也成就了皇家研究院。

《第6次大灭绝——人类能挺过去吗》

［美］安娜莉·内维茨（Annalee Newitz）著　徐洪河　蒋　青　译

本书从地质历史时期的化石生物故事讲起，追溯生命如何度过一次次大灭绝，以及人类走出非洲的艰难历程，探讨如何运用科技和人类的智慧，应对即将到来的种种灾难，最后带领读者展望人类的未来。

《不完美的大脑：进化如何赋予我们爱情、记忆和美梦》

［美］戴维·J. 林登（David J. Linden）著　沈　颖　等译

本书作者认为人脑是在长期进化过程中自然形成的组织系统，而不是刻意设计的产物，他将脑比作可叠加新成分的甜筒冰淇淋！并以这一思路为主线介绍了大脑的构成和基本发育，及其产生的感觉和感情等，进而描述脑如何支配学习、记忆和个性，如何决定性行为和性倾向，以及脑在睡眠和梦中的活动机制。

《国家实验室：美国体制中的科学（1947—1974）》

［美］彼得·J. 维斯特维克（Peter J. Westwick）著　钟　扬　黄艳燕　等译

本书通过追溯美国国家实验室在美国科学研究发展中的发展轨迹，使读者领略美国国家实验室体系怎样发展成为一种代表美国在冷战时期竞争与分权的理想模式，对了解这段历史所折射出的研究机构周围的政治体系及文化价值观具有很好的参考价值。

《生活中的毒理学》

［美］史蒂芬·G. 吉尔伯特（Steven G. Gilbert）著　顾新生　周志俊　刘江红　等译

本书通俗而简洁地介绍了日常生活中可能面临的来自如酒精、咖啡因、尼古丁等常见化学物质，及各类重金属、空气或土壤中污染物等各类毒性物质的威胁，让我们有所警觉、保护自己的健康。讲述了一些有关的历史事件及其背后的毒理机制及监管标准的由来，以及对化学品进行危险度评估与管理的方法与原则。

《恐惧的本质：野生动物的生存法则》

［美］丹尼尔·T. 布卢姆斯坦（Daniel T. Blumstein）著　温建平　译

完全没有风险的生活是不存在的，通过阅读本书，你会意识到为什么恐惧成就了我们人类，以及如何通过克服恐惧，更好地了解自己、改善我们的生活。

《动物会做梦吗：动物的意识秘境》

［美］戴维·培尼亚-古斯曼（David M. Peña-Guzmán）著　顾凡及　译

人类是地球上唯一会做梦的生物吗？当动物睡着时头脑里究竟发生了什么？研究动物梦对于

我们来说又有什么意义呢？通过阅读本书，您将进入非人类意识的奇异世界，转变对待动物的态度，开启美妙的科学探索之旅。

《野狼的回归：美国灰狼的生死轮回》
［美］布伦达·彼得森（Brenda Peterson） 著　蒋志刚　丁晨晨　李　娜　伊莉娜　曹丹丹　珠　岚　译
本书生动记录了美国 300 年来（特别是 1993 年以来）野狼回归的艰难历程：原住民敬畏狼，殖民者消灭狼；濒危的狼被重引入黄石公园后，不仅种群扩大，还通过营养级联效应帮助生态系统恢复健康。书中利益相关方的博弈为了解北美原野打开了一扇窗，并可通过人与狼的关系理解美国历史、美国人的特性和国家认同，而狼的历史就是美国人与自然关系的镜子。

《癌症：进化的遗产》
［英］麦尔·格里夫斯　著　闻朝君　译　陈赛娟　王一煌　主审
本书从达尔文进化论的角度对癌症的发生发展做了多维的动态的阐述，对很多困扰癌症研究者的难题给出了独特且合理的解释：癌症并不是新生疾病，它在自然界普遍存在。因为癌症本身就是地球生命数十亿年进化过程的自然产物。只要有进化，就会有突变，也就会有癌症。这一独特观点为癌症研究和治疗提供了崭新的思路。

《火星生命：一部数百年的人类探寻史》
［美］戴维·温特劳布（David A. Weintraub） 著　傅承启　译
人类对火星进行过哪些探索？如今，人们对火星生命有了怎样的认知？本书对这些议题进行了详细系统的讲述，既立足于历史，又紧随前沿进展。本书是人类探索火星生命的“科学史”，详细回顾了数百年来的种种努力。本书还是一部人类探索的“奋斗史”，有成功、有波折，有艰辛、有喜悦。

《魔鬼元素——磷与失衡的世界》
［美］丹·伊根（Dan Egan） 著　温建平　译
本书以宏大的视野和深刻的洞察力，详细描绘了磷元素从开采到生产，再到消费，直至其资源过度开采与滥用所带来环境影响的全过程，深入剖析了磷元素在现代农业、全球经济、政治格局以及自然生态系统中的复杂角色与深远影响。不仅是科学家、环保主义者和政策制定者的宝贵参考资料，更是每一位关心地球未来、渴望了解我们生存环境的普通读者的必读之选。

《伟大的生命之树：地球生物进化全景图》
［美］道格拉斯·E. 索尔蒂斯（Douglas E. Soltis） 帕梅拉·S. 索尔蒂斯（Pamela S. Soltis）著　陈士超　孙　苗　主译
生命之树概念存在于许多古老文明中，而达尔文在《物种起源》中赋予其所有物种通过它相互关联的现代含义。科技革新使得构建包含约 230 万个已命名物种的完整的生命之树的生物多样性“登月计划”得以完成。本书结合系统进化关系树构建方法，阐释生命之树在药物研发、疾病治疗、作物改良等方面的作用，强调生命之树的教育对人与自然和谐相处的重要性。